RECHERCHES

POUR SERVIR A L'HISTOIRE NATURELLE

DES

VÉGÉTAUX INFÉRIEURS

PAR

J. DE SEYNES

III

1re PARTIE. — De la formation des corps reproducteurs appelés acrospores.

PARIS
G. MASSON, ÉDITEUR
LIBRAIRE DE L'ACADÉMIE DE MÉDECINE
120, Boulevard Saint-Germain, 120
EN FACE DE L'ÉCOLE DE MÉDECINE
1886

RECHERCHES

POUR SERVIR A L'HISTOIRE NATURELLE

DES VÉGÉTAUX INFÉRIEURS

5204. — BOURLOTON. — IMPRIMERIES RÉUNIES, A, RUE MIGNON, 2, PARIS.

RECHERCHES

POUR SERVIR A L'HISTOIRE NATURELLE

DES

VÉGÉTAUX INFÉRIEURS

PAR

J. DE SEYNES

III

1re PARTIE. — De la formation des corps reproducteurs appelés acrospores.

PARIS
G. MASSON, ÉDITEUR
LIBRAIRE DE L'ACADÉMIE DE MÉDECINE
120, Boulevard Saint-Germain, 120
EN FACE DE L'ÉCOLE DE MÉDECINE

1886

Le présent fascicule de mes *Recherches*, tout en portant le n° III, paraît quelques mois avant le fascicule n° II. Il lui est en réalité postérieur; le n° II comprend en effet une étude de l'organisation et des corps reproducteurs du *Polyporus sulfureus* Bull. soumise à l'Académie des sciences en 1878. J'ai eu depuis l'occasion d'observer des faits qui complètent ce mémoire, mais son objet se relie par plusieurs côtés à mes observations sur les Fistulines; je n'ai donc pas cru devoir changer l'ordre naturel de ces travaux, puisqu'ils sont destinés à paraître presque en même temps.

Paris, 20 avril 1886.

RECHERCHES

POUR SERVIR A L'HISTOIRE NATURELLE

DES VÉGÉTAUX INFÉRIEURS

La formation et le développement des cellules végétales est une des questions dont l'intérêt et l'importance ont le plus attiré l'attention des observateurs. Elle a motivé la publication de nombreux et remarquables travaux, depuis Mirbel jusqu'à M. Strasburger. Toutefois, ceux mêmes qui ont le plus fait avancer la connaissance des procédés de développement, ne peuvent se faire l'illusion que tout soit dit sur ce sujet. Le point que je veux aborder ici est un de ceux sur lesquels l'accord n'a pu se faire, bien que dans la plupart des livres élémentaires une seule des deux opinions en présence soit présentée et semble être seule acceptée.

Depuis longtemps les botanistes rapportent à deux types principaux la formation, ou, suivant un terme aujourd'hui consacré, la genèse des cellules. Ces deux types ont été appelés : Formation libre, — Formation par division. M. Strasburger, dans son livre sur la *Formation et la Division des cellules*, a conservé cette terminologie ancienne :

La formation libre est caractérisée par ce fait qu'à l'intérieur d'une cellule-mère, qui a reçu différents noms dans les diverses classes du règne végétal, le protoplasma se sépare en groupes isolés, dont chacun s'organise en une cellule nouvelle et se recouvre d'une membrane propre. Tantôt la formation de ces cellules a absorbé le protoplasma contenu dans la cellule-mère, qui ne renferme plus que du suc cellulaire ou un plasma incolore et non granuleux ; tantôt il reste une certaine quantité de protoplasma qui n'est pas utilisée pour la formation de cellules nouvelles. Quelques auteurs voient même dans ce fait le signe distinctif de la formation libre.

Quand des cellules se forment par division, le protoplasma de la cellule-mère, au lieu de se séparer en plusieurs groupes, laisse apercevoir dans sa continuité des linéaments de cloisons qui deviennent par des procédés inutiles à détailler ici une membrane cellulaire complète, et relient les parois de la cellule-mère, celle-ci se trouve ainsi divisée en compartiments ou loges qui constituent autant de cellules distinctes et individualisées.

Si l'on veut faire entrer en ligne de compte l'action du noyau, ce qui n'est pas toujours possible chez les végétaux inférieurs, il semble que, dans le premier cas, le noyau soit le centre d'attraction autour duquel se groupe chaque portion du protoplasma qui s'individualise, tandis que, dans le second, il est l'agent de division protoplasmique et d'attraction des éléments cellulosiques destinés à former la cloison.

D'autres modes de multiplication cellulaire, bourgeonnement, rajeunissement, se rattachent à ceux-là, mais il n'y a pas lieu de les décrire ici.

Au terme de *formation libre*, quelques botanistes substituent celui de *division*, exprimant par là l'aspect extérieur du phénomène plutôt que son caractère abstrait, et envisageant surtout le fait initial de la division spontanée du protoplasma en un certain nombre de fractions destinées à devenir des cellules de nouvelle formation. Le terme de *division* est aussi plus exact, si l'on admet que la formation libre d'une cellule peut être accompagnée de la soudure de son enveloppe propre avec la paroi de la cellule-mère ; il est évident qu'alors le mot *libre* manque de justesse, il ne ne s'applique qu'à un moment souvent très court de la vie de la cellule. On donne au deuxième mode de formation cellulaire le nom de *multiplication par cloisonnement*, qui se définit de lui-même. Malgré les avantages de cette terminologie, afin d'éviter toute équivoque, nous conservons ici l'expression consacrée de *formation libre*, en faisant toutes nos réserves sur la manière dont il faut entendre le mot *libre*, et nous adopterons le terme de *multiplication par cloisonnement* pour le second mode de développement (*division* de la plupart des auteurs). De cette manière nous excluons le mot *division* qui, étant, à l'heure qu'il est, susceptible de deux interprétations différentes, prête à l'équivoque.

Les organes de reproduction agame chez les Champignons présentent des exemples très nets de formation cellulaire libre ; on prend souvent pour type de ce mode de développement la genèse des spores à l'intérieur des thèques des Ascoboles, des Pézizes ou des Morilles. Tous les Thécasporés, Discomycètes ou Pyrénomycètes, ainsi que les Mucorinés, offrent, avec des différences de détail qui peuvent en voiler certaines phases, un développement analogue de leurs spores.

D'autres groupes de Champignons ou d'autres formes de corps reproducteurs des Thécasporés ont été longtemps considérés comme présentant le type de la multiplication par cloisonnement dans la formation de leurs spores ou conidies ; ce sont les Basidiosporés, dans le sens étendu que les Allemands ont donné à ce terme, qui comprend pour eux, non seulement les genres dont l'hyménium présente les organes appelés basides par Léveillé, mais toute forme fongique ayant comme organe de reproduction une cellule se détachant d'une autre cellule, d'un sporophore, qui la supporte. Un ouvrage considérable par le nom de son auteur et la valeur de son contenu (*Vergleichende Morphologie und Biologie der Pilze, Mycetozoen und Bacterien von* A. de Bary, 1884), a consacré cette théorie, et voici comment elle est résumée dans la conclusion du chapitre qui concerne la formation des spores chez les Champignons :

« Corda, Fresenius, Schacht et Hoffmann présentent la formation des spores de ces dernières Mucorinées comme un procédé de formation libre de cellules plus ou moins rapprochées de la paroi des asques, interprétation qui a été récemment défendue par Brefeld (*loc. cit.*). L'étranglement des spores acrogènes a été de même considéré par certains auteurs comme un procédé de formation libre qui ne différerait de celle des spores dans des asques, que par le mode de développement des cellules-filles. Vittadini fait même naître les spores des Hyméno et Gastromycètes dans l'intérieur du baside, en les donnant comme enfermées dans un renflement de la membrane du stérigme. Telle est aussi l'opinion de Montagne (*Esq. org.*). Schleiden (*Grundzuge*, B. II, p. 38), Schacht (*Cellules des plantes*, p. 54 ; *Anat. u. Phys. d. Gew.*, I, p. 74) représentent cette opinion et plus particulièrement H. Hoffmann (*Bot. Zeit.*, 1856, p. 153) et Pringsheim (*Jahrb.*, *Band* II, p. 303), qui dit entre autres : « Un type fondamental variant diversement se reproduit toujours ; les spores se développent par formation libre dans l'intérieur des cellules-mères (thèques), qui tantôt se soudent avec elles (*Phragmidium*, *Agaricus*, *Phallus*), tantôt entourent légèrement la spore ou les spores (*Mucor*, *Peziza*, *Tuber*, etc.). » Van Tieghem et Le Monnier ont nouvellement exposé une semblable interprétation pour les spores acrogènes des *Chætocladium*, *Piptocephalis* et *Syncephalis*, en faisant naître celles-ci comme dans les *Mucor* et les *Mortierella*, par développement endogène isolément ou en rangée simple de sporanges étroitement rapprochés. Cette opinion n'est pas fondée sur l'étude des stades précis du développement. Ces appréciations ne sont pas d'accord avec les faits les plus clairs, ainsi que Berkeley (1) et Tulasne l'ont dès longtemps avoué ; elles ont, d'après Schleiden, leur origine dans des vues fondamentales fausses, depuis longtemps écartées par celui-ci, sur la formation des cellules en général et ayant pour but chez les autres auteurs de fonder des homologies. L'état actuel de nos connaissances sur la formation des cellules ou leur division, ainsi qu'elle est exposée en détail page 64 et dans le livre de Strasburger (*Formation et Division des cellules*, 3 *Aufl.*), fait concevoir, sans faire violence aux faits, toutes les formations des spores (acrogènes) comme des cas spéciaux du procédé de division des cellules, et rend superflue une discussion plus détaillée des controverses ci-dessus mentionnées. » Dans le passage auquel il est fait allusion, M. Strasburger s'en réfère aux observations de M. de Bary, dont nous aurons à reparler plus loin ; il aurait donc été difficile que M. de Bary ne se trouvât pas d'accord avec M. Strasburger. Ainsi, d'après l'éminent mycologue de Strasbourg, en dehors de ses propres observations, on n'a produit, sur la question qui nous occupe, que des propositions qui violentent les faits ou bien qui émanent de vues théoriques et indépendantes des phénomènes positifs que l'on prétend expliquer.

La question est ainsi nettement posée.

Je ne fais aucune difficulté de reconnaître que, dans quelques travaux, M. de Bary a pu rencontrer l'esprit de système et les vues préconçues ; je ne crois pas qu'il existe un travail allemand antérieur à la *Morphologie* de M. de Bary dans lequel la formation libre des spores dites acrogènes ait été appuyée sur des observations micrographiques suivies et entreprises spécialement en vue d'élucider ce point de physiologie fongique. Il est incontestable que les généralisations de Schleiden, qui datent de 1838 et 1840, étaient prématurées et se sont trouvées fausses en plus d'un point.

Plusieurs années auparavant, en 1831, le savant italien Vittadini, auquel on doit

(1) *Ann. and. Magaz. of. nat. Hist*, t. IX, 1842, p. 9, 283.

la découverte des organes de reproduction chez les *Hymenogaster* (*Monogr. Tuberac.*), avait interprété la position de la spore sur le baside, comme le résultat de l'expulsion lente de la spore qui, formée d'abord librement au sein du baside, passerait au travers du stérigmate et pousserait devant elle la membrane du baside qui se moule sur elle. Une explication aussi forcée serait impossible aujourd'hui, où les progrès de la micrographie ont exclu beaucoup de causes d'erreur. M. H. Hoffmnan a étudié avec trop de soin et de discernement l'anatomie comparée des Champignons pour que son opinion sur la formation des spores acrogènes n'ait pas son origine dans un grand nombre d'observations précises; mais cet éminent observateur n'a fait que les mentionner sans en donner les détails. Voici comment il s'exprime dans *Botanische Zeitung* (1856) : « Aussi loin que s'étendent mes observations, la spore des Champignons naît, dans tous les cas, chez les Thécasporés et chez les Basidiosporés, par formation cellulaire libre à l'intérieur d'un tube (*Ascus* ou *Theca*). Le plasma renfermant des gouttes d'huile se contracte en une ou plusieurs portions qui forment les spores, les supérieures s'organisant les premières. Ce tube contient tantôt une spore (*Agaricus*, *Epithea*); tantôt de une à quatre (*Oogaster*, *Tuber*); tantôt un plus grand nombre, sept chez les *Phragmidium*, huit chez les *Peziza*. Le tube se sépare par un resserrement au-dessous des spores (*Agaricus*, *Ecidium*), ou bien lance les spores en s'ouvrant par en haut (*Ascobolus*), ou en masse semblable à une fumée (*Peziza*)... Je doute que le tube entre dans la formation des parois de la spore; il n'en est certainement pas ainsi chez les *Phragmidium*: on peut le séparer tout entier des spores en le traitant par l'acide chlorhydrique concentré; on constate ainsi que les trous ne sont pas formés dans la membrane du tube, mais dans celle de la spore. Ces tubes ou *Asci* sporophores se rencontrent : tantôt sur chaque extrémité du filament (*Mucor*, *Cystopus*) ; tantôt plusieurs à chaque extrémité (*Botrytis*), et la cellule terminale est tantôt amincie vers le haut (*Peronospora*); tantôt en forme de gros cylindres avec quatre spores (*Agaricus*), ou six (*Cantharellus cibarius*)... »

Les affirmations de Schacht (*Pflanzenzelle*, 1859, p. 54) ou de Pringsheim (*Keim. der Pilzsp.*, in *Jahrb.*, II, 1860, p. 303), dont M. de Bary cite le passage concernant le développement des spores, ne nous apportent aucune observation nouvelle. Il en est de même dans l'*Esquisse organographique* de Montagne et l'*Introduction à la botanique cryptogamique* de M. Berkeley. Toutefois, dans le mémoire intitulé : *On some facts tending to show the probability of the Conversion of Asci into Spores in certain Fungi by* Berkeley *and* C. E. Broome il y a des observations sur lesquelles nous aurons à revenir. Tulasne a rappelé l'historique du sujet dans son *Selecta fungorum Carpologia* (t. I, p. 32, 33), sans prendre parti. En étudiant les époques de formation des divers téguments du corps reproducteur des *Hymenogaster*, ce savant avait été amené à dire quelques années avant : « Nous avons cru reconnaître que l'utricule le plus intérieur, l'*epinucleus* proprement dit, ne se forme que postérieurement à la cellule médiane, dont l'épaississement et la coloration s'opèrent sur la face externe. Il paraît très probable que le sac extérieur, ordinairement plus ou moins nettement soudé à cette cellule moyenne, est une sorte de prolongation de la membrane de la baside; il concourt avec la même cellule à former le pédicule de la spore souvent très développé et qui n'est autre chose que la partie supérieure du stérigmate tronquée, épaissie et colorée. La cavité de la cellule médiane est séparée par une épaisse cloison de ce tube pédicelle » (*Fung. hypog.*, 1851, p. 18).

Cette observation, comme celles qu'invoquent MM. Hoffmann et Berkeley, porte surtout, comme on le voit, sur le fait qu'au lieu d'avoir un développement extérieur ou exogène, et d'être, comme on les a appelées, *ectospores*, *exospores*, *ectobasides*, certaines acrospores sont en réalité renfermées dans la cellule-mère; elles sont *endogènes*, *endothèques* ou *endospores*. C'est un point très important, le seul dont on puisse dans bien des cas se rendre compte ; mais on pourrait, à la rigueur, concevoir le développement d'une spore endogène qui aurait lieu par formation libre et par cloisonnement tout ensemble ; ainsi les spores nées dans la thèque de certains *Hypocrea* par formation libre présentent au bout de peu temps une cloison transversale qui les divise en deux: elles se segmentent suivant cette cloison, et au lieu de huit spores il s'en trouve bientôt seize dans une seule thèque; supposons que la membrane de la spore se soude avec la paroi de la thèque avant le cloisonnement, on aurait le phénomène auquel je fais allusion; c'est là une complication dont je n'ai pas d'exemple à donner et que je ne prévois que pour bien préciser tous les termes de la question.

J'ai apporté en 1872 (*Assoc. franc. pour l'av. des sc., congrès de Bordeaux*) des faits nouveaux à l'appui de ceux en petit nombre, il faut bien le reconnaître, qui avaient ébranlé la confiance de plusieurs mycologues dans le développement vraiment exogène des acrospores. Ces faits concernaient deux genres qui pouvaient être considérés comme des types classiques de la division suivie d'étranglement scissipare. Des observations poursuivies par MM. Van Tieghem et Le Monnier sur les Mucorinés, les ont amenés à reconnaître la formation endogène des conidies de *Piptocephalis* et de *Chætocladium* (*Recherches sur les Mucorinées*, *Ann. sc. nat.*, 5e sér., t. XVII, 1873, p. 114-115).

Ces faits et d'autres, dont j'aurai à parler dans la suite, ne procèdent pas de raisonnements par induction ; il est bien permis aux auteurs de faire ressortir à leur sujet des homologies intéressantes, sans que les observations micrographiques signalées et figurées par eux puissent être considérées comme faussées et préconçues.

Les premiers doutes qui ont été émis sur la genèse acrosporée, semblent avoir été inspirés par une sorte d'analogie de forme et de situation organique entre la thèque et le baside des Hyménomycètes; on a été ainsi conduit à aborder le problème par le plus mauvais côté. L'observation précise et nette d'une genèse endosporée dans les basides portant des spores à développement simultané est entourée de difficultés spéciales. Dans ce premier travail nous laisserons complètement de côté les Hyménomycètes et les Gastéromycètes basidiosporés pour nous attacher aux espèces ou aux organes de fructification secondaire des Champignons chez lesquels le développement des corps reproductifs est successif, suivant l'heureuse distinction établie par M. de Bary.

Nous prendrons pour point de départ de cette étude quelques phénomènes particuliers de la sporification des Thécasporés, pour arriver par des formes et des dispositions graduées aux types que nous avons étudiés dès 1872 et qui représentent bien la formation acrospore typique torulacée ou en chapelet.

En marchant ainsi pas à pas, nous montrerons notre résolution arrêtée de ne pas accepter une généralisation extra-scientifique et de nous tenir en dehors de toute prétention, analogue à celle de Schleiden, de ramener tous les procédés de multiplication cellulaire chez les Champignons à un seul, la formation libre. Il importe que dans ce débat comme dans tout autre du même ordre, le dernier mot appartienne au microscope.

I

La genèse des spores à l'intérieur des thèques chez les Discomycètes ou chez les Sphériacés, offre le type le plus net de la formation libre des cellules. Dans les espèces de Morilles ou d'Helvelles la dimension des thèques et des spores, la transparence des membranes, tout concourt à laisser voir à l'observateur avec une grande clarté les divers stades du phénomène, depuis la condensation du protoplasma fortement granuleux en masses distinctes jusqu'à la formation de la membrane cellulosique, dont se revêt la spore. Entre les spores et la paroi de la thèque l'espace libre est assez considérable pour qu'il n'y ait aucune cause d'illusion et d'erreur. A tous les âges la spore est et reste bien réellement libre de toute continuité, de toute adhérence avec la thèque qui la contient.

A côté de ces types de Thécasporés, les plus nombreux de tous, il en est chez lesquels la spore, soit quand elle se développe à son origine, soit quand elle s'échappe du réceptacle à sa maturité complète, entretient avec la cellule-mère des rapports plus étroits, qui pourraient facilement voiler son mode véritable de formation.

Les thèques mûres de *Rosellinia Desmazierii* B. et Br. mesurent en moyennne $0^{mm},043$ de longueur; si on les examine au moment où elles n'ont que le quart de cette longueur, environ $0^{mm},010$, on voit qu'elles contiennent un tube à paroi très fine, presque impossible à distinguer sans le secours de la teinture d'iode; celle-ci le colore en bleu et laisse la membrane externe de la thèque incolore, si l'on a eu la précaution de laver la préparation dans la liqueur de Schweizer. Ce tube interne part du sommet de la thèque, à laquelle il est soudé par un renflement sphérique, se prolonge et s'effile vers la base de la thèque, de sorte qu'après l'action de l'iode on dirait une épingle rigide, fixée au centre du cylindre de la thèque à laquelle elle adhère par la tête et dont la pointe effilée aboutirait librement au tiers inférieur de cet organe. Un peu plus tard l'épingle, que l'on reconnaît alors comme un tube creux, se renfle dans les deux tiers inférieurs; elle est remplie d'un protoplasma épais fortement granuleux, divisé en huit masses oblongues séparées l'une de l'autre par un plan oblique; on ne tarde pas à reconnaître que ce sont là huit spores qui, une fois revêtues de leur membrane propre, encore incolore, offrent chacune trois nucléoles brillants en ligne au sein d'un protoplasma granuleux jaunâtre; un peu de protoplasma est resté en dehors des spores, la thèque s'est considérablement allongée, et les spores, qui étaient en contact par leur face la plus longue, ne se touchent plus que par une petite portion de leurs extrémités; le sac interne de la thèque, qui avait débuté par avoir la forme d'une épingle, ne se distingue plus au contact des spores, tant il leur est fortement appliqué; il n'est visible qu'au point où les extrémités atténuées des spores fusiformes se rencontrent et laissent ainsi de chaque côté un espace libre dessinant un triangle (pl. I, fig. 16, *c*). A un certain moment la thèque cesse de s'accroître, mais les spores continuent à grandir en prenant la teinte brune qui leur est propre; elles arrivent alors jusqu'au sommet de la thèque, dont elles n'occupaient primitivement que la partie inférieure. On ne voit plus trace à ce moment du sac interne, il n'en reste que le globule supérieur fortement accru et quelquefois un peu prolongé en pointe creuse vers l'intérieur de la thèque. Les spores ne sont plus reliées par une enveloppe commune et sont libres dans la thèque.

Au moment de la formation de la membrane propre des spores, cette enveloppe commune est avec elles dans un contact si intime que l'on pouvait supposer le protoplasma divisé en huit portions par un cloisonnement en parois obliques *au sein de la masse dense du protoplasma*, comme celle qui remplit le stérigmate et la spore du *Corticinum amorphum* au moment où se forme la membrane séparatrice de la spore à l'extrémité du stérigmate (1). Si quelques particularités propres au groupement du protoplasma à l'origine de la formation des thécaspores passaient inaperçues et permettaient de conserver cette illusion, il est évident qu'elle serait dissipée par le glissement des spores l'une sur l'autre, glissement qui les amène à se regarder par leurs extrémités au lieu de se toucher par leur surface allongée. Ainsi, voilà une formation libre de spore, dans laquelle l'intervention d'un sac membraneux appliqué sur les spores modifie l'aspect du phénomène et peut-être ses conditions mêmes, car il est difficile de préciser le point où s'arrête cette intervention et de savoir si, à un moment donné, la membrane de ce sac s'est dissoute tout entière par un procédé de gélification fréquent chez les Pyrénomycètes, ou si une partie a concouru à la formation des parois de la spore et y est restée intimement soudée.

(1) Voy. Strasburger, *Form. des Cell.*, trad. par Kickx, p. 184.

Beaucoup d'autres Sphériacés ont des thèques à double enveloppe, mais cette structure est souvent en rapport avec les nécessités de l'expulsion et de la dissémination des spores (*Pleospora*, *Sphæria scirpi*, etc.), plutôt qu'avec leur formation.

L'*Hypomyces lateritius* Tul. qui se rencontre de temps en temps végétant sur les lamelles des *Lactarius deliciosus* L., diffère assez notablement des autres *Hypomyces* par ses spores à peine biloculaires, tandis que chez les autres espèces la bipartition se reconnaît soit à la netteté du trait indiquant la cloison, soit à l'inégalité de développement des deux loges sporiques et à la différence d'aspect du protoplasma dans chacune. Dans l'*H. lateritius* la cloison est à peine visible et la spore ovale, acuminée, présente un contenu d'aspect granuleux assez homogène et en général deux nucléoles, un à chacun des pôles de l'ellipse formée par la spore. La membrane de la thèque est, au moment de la maturité, appliquée sur les spores, on la dirait soudée avec elles; elle n'est visible qu'à la base, si l'on a ouvert le périthèce avant la gélification complète de son contenu ; dans cet état, les spores se touchent, forment un chapelet supporté par la partie basilaire de la thèque (pl. I, fig. 17), et il faut même un certain effort pour les dissocier : il ne suffit pas de l'eau dans laquelle on plonge la préparation, il faut imprimer des mouvements au couvre-objet; la gélification de la thèque lui donne sans doute une consistance gommeuse qui retient les spores adhérentes l'une à l'autre, et leur donne l'aspect d'une chaînette ou d'un chapelet continu comme celui d'un *Bispora* ou de toute autre Mucédinée.

Une disposition analogue nous est offerte par une Pézize, le *Peziza cupressina* Batsch, *Pithya* de Fuckel; c'est une toute petite espèce dont la cupule mesure d'un à deux millimètres, trois au plus ; elle vit sur les feuilles mortes de Cyprès et de Genévrier ; sa couleur brillante, jaune d'or ou jaune orangé, la fait distinguer malgré sa petitesse : M. Karsten dit qu'elle n'est pas rare en Norvège; Fries l'a recueillie à proximité de la neige fondante; je l'ai trouvée en décembre à Montpellier; M. Saccardo la signale en novembre aux environs de Padoue, et Fuckel dans le Nassau en automne (*raro*).

L'hyménium de cette Pézize est formé de thèques longues, cylindriques, à paroi un peu épaissie vers le sommet; les paraphyses sont de même longueur que les thèques, quelques-unes légèrement claviformes. Les spores globuleuses transparentes occupent à la maturité un peu moins de la moitié supérieure de la thèque. La membrane de celle-ci touche les spores et prend un aspect légèrement toruleux, comme si les spores en grandissant la distendaient et l'obligeaient à s'étrangler dans l'intervalle de chaque spore. La figure *c* de la planche III indique cette disposition; la thèque se rompt ensuite comme une gousse lomentacée et les spores sont ainsi mises en liberté. D'autres fois la thèque s'amincit et se détruit peu à peu, on voit alors des files de spores reliées entre elles par les vestiges de la membrane sporique reconnaissables à un fort grossissement (fig. 3, 4, pl. II). La figure 3, *t* montre une thèque en partie désagrégée, dans laquelle la spore supérieure est coiffée de la portion terminale de la thèque, mais d'habitude les spores touchent la thèque au sommet comme latéralement. A côté, une spore n'est retenue aux spores suivantes que par un lambeau *m* de la thèque. J'ai constaté ces faits sucr des échantillons très avancés; on aurait pu craindre que l'accolement de la membrane de la thèque contre les spores n'ait été produit par la dessiccation; pour m'en assurer, j'ai soumis les préparations à l'action de la potasse caustique; on sait qu'elle rend aux tissus leur turgescence même avec exagération; mais ce réactif n'a rien changé aux dispositions que je viens d'indiquer et qui sont figurées dans les planches II et III. D'habitude la dessiccation très rapide d'individus frais et d'un beau coloris arrête les développements ultérieurs et l'hyménium présente des thèques dont plusieurs ne sont même pas toruleuses, bien que les spores paraissent mûres; le réceptacle est devenu dur comme de la corne et se conserve ainsi indéfiniment, mais il est facile de remarquer que pas une thèque n'est vide et que par conséquent l'individu n'a pas été recueilli au moment de la déhiscence des thèques. Les spores de *Peziza cupressina* Bast. prennent donc l'apparence des files de conidies d'un *Torula* quelconque et offrent ainsi à la période ultime de leur maturité une certaine analogie avec les spores des *Sphærophoron;* ce Lichen dont les apothécies présentent des thèques, a cependant été décrit par Hooker, dans sa *Flore antarctique*, comme possédant des filaments moniliformes de spores à développement acrogène qui se désagrègent à la maturité. Montagne a fixé la véritable nature des spores de *Sphærophoron* dans les *Annales des sciences naturelles* (2e sér., t. XV, p. 146). Nous ne saurions mieux faire que d'emprunter à M. de Bary la description qu'il donne de la formation et de la dissémination des spores, et par laquelle se trouve expliqué ce double aspect qui, pour M. Berkeley, était un exemple de la transformation possible de thèque en spores (*Conversion of Asci into Spores*) :

« Les jeunes spores deviennent de bonne heure presque aussi larges que la thèque étroite et mince, et s'ordonnent en série simple ou, en certains endroits, double, ininterrompue. Elles sont séparées de la paroi de la thèque par une mince couche de protoplasma ou épiplasma. Ensuite, lorsque les spores prennent une dimension plus considérable, le protoplasma disparaît; elles finissent par remplir complètement la cavité de la thèque; celle-ci représente alors un fourreau souvent resserré entre les spores; elle se désagrège enfin, les spores sont ainsi séparées les unes des autres, et s'entassent comme une poussière sur la surface hyméniale. Chez les *Lichina* et les *Paulia*, les spores restent solidement réunies entre elles » (*Vergl. Morph. u. Biol. d. Pilze*, 1884, p. 103).

Il y aurait sans doute beaucoup d'autres exemples analogues à citer; mais nous n'avons pas la prétention d'épuiser ce sujet; il s'agit pour le moment de planter quelques jalons, sans nous éloigner trop du point principal à élucider. Des exemples précédents il ressort un premier fait qui peut être résumé de la manière suivante :

Dans un certain nombre d'espèces fongiques thécasporées dont les spores naissent par formation libre, il s'établit entre elles et la membrane de la thèque qui les contient des rapports si étroits qu'on pourrait les croire soudées. A telle ou telle période de leur développement, les spores endogènes ne paraissent pas libres et ressemblent à un chapelet de conidies acrogènes. Toutefois il n'y a là qu'une apparence, la gélification et la dissolution ou la désagrégation de la membrane thécique permettent de rétablir la réalité du phénomène. Rarement il y a lieu de rester dans le doute sur la question de savoir si la membrane de la thèque s'est en partie soudée avec l'enveloppe de la spore.

Dans le chapitre suivant, d'autres types d'organes reproducteurs vont nous présenter une soudure réelle entre la cellule-mère et la cellule-fille, conidie ou spore.

II.

Le premier exemple qui se présente dans cette seconde série de types est celui des chlamydospores de *Mucor*. Les filaments mycéliens du *Mucor Mucedo* sont larges, à protoplasma riche en granules; ses dimensions permettent de suivre les phases du développement des chlamydospores. Les granulations du protoplasma se groupent en pelotes isolées laissant entre elles des espaces transparents remplis de protoplasma ou d'épiplasma. Tantôt ces groupements se forment à d'assez grandes distances les uns des autres, tantôt ils sont rapprochés; l'apparition d'un nucléole précédant ou accompagnant la formation de ces petites masses protoplasmiques qui s'isolent n'est pas distincte ; est-il placé au centre des granulations qui le cachent ainsi ? ses dimensions sont-elles les mêmes que celles de toute autre granulation réfringente comme lui? n'y a-t-il ici aucune intervention de noyau? On peut faire à cet égard beaucoup d'hypothèses et, ce qui vaut mieux, tenter de les résoudre au moyen de réactifs appropriés. Ce côté de la question reste encore indécis pour moi; c'est surtout les stades ultérieurs du développement que je me suis attaché à suivre; la figure 1 de la planche I montre de petites masses protoplasmiques groupées, elles ne tardent pas à s'entourer d'une membrane comme on le voit en *p,p.*, mais comme elles touchent la paroi du filament mycélial, la portion de cette membrane qui limite la conidie du côté de la cavité paraît une cloison transversale tantôt plane et perpendiculaire à l'axe, comme les cloisons ordinaires, tantôt oblique, tantôt bombée vers l'extérieur de la conidie; dans la surface qui touche la paroi mycélienne, il y a soudure complète des deux membranes, celle de la spore et celle du filament mycélien. Si le trait ne paraît pas au début très accusé, le séjour dans la glycérine permet de distinguer l'épaisseur de la paroi conidienne destinée, du reste, à s'accroître avec le temps, tandis que la paroi du filament mycélial s'amincit comme le sac interne de la thèque de *Rosellinia;* c'est en effet par la raréfaction de la substance du filament mycélien qui semble se résorber que la chlamydospore est mise en liberté : on voit (fig. 6, pl. I) deux chlamydospores, entre lesquelles le filament de la cellule-mère, vide de protoplasma, s'est aminci et tend à se résorber; elles s'accroissent souvent de manière à former des nodosités, des renflements d'un diamètre supérieur à celui de la cellule-mère; leur forme, que M. de Bary compare à celle d'un bouchon, passe souvent à l'ovale et à la sphère, ainsi qu'on peut le voir figure 3, *a*. Les chlamydospores destinées à jouer le rôle de spores dormantes ou téleutospores, ainsi que l'avait observé Cœmans, peuvent cependant entrer en germination aussitôt formées et avant d'être séparées du tube mycélien, dans lequel elles ont pris naissance ; la figure 2 représente ce fait bien connu ; la chlamydospore, en germant, a beaucoup augmenté de volume, s'est cloisonnée et a donné naissance à des branches, dans lesquelles de nouvelles chlamydospores se sont rapidement organisées ; celles qui se sont formées à l'extrémité des branches paraissent des acrospores, cependant elles se sont développées de la même manière que celles qui naissent dans la continuité du filament mycélien. On voit (fig. 5) des chlamydospores rapprochées en chapelet ; elles ont pris la forme sphérique, comme celle de la figure 3, *a*, au lieu de rester cylindriques comme dans les figures 1, 3, *b*, 4, disposition qui peut aller, par suite de la continuité de deux ou plusieurs conidies, jusqu'à donner au filament mycélien qui les renferme, l'aspect d'un filament à cloisons très rapprochées et à protoplasma très riche. Les chlamydospores en chapelet représentées ici n'ont rien de commun avec les séries de conidies représentées et décrites par M. Bail (*Ueber Hefe*, in *Flora*, 1858, n°s 27, 28) ; celles-ci, que j'ai également observées, peuvent naître d'une chlamydospore par un bourgeonnement qui se répète rapidement dans certains milieux et donne naissance aux conidies levure des *Mucor*. Ce phénomène, au point de vue du procédé formation cellulaire, ne diffère de celui de la germination proprement dite que par la brièveté des cellules formées, leur individualisation et leur germination successive en cellules courtes, le plus souvent sphériques, au lieu de former un cylindre allongé. C'est celui qui est bien connu dans les cellules de la levure de bière ou de vin. Ici les chlamydospores de la figure 5 ne proviennent pas l'une de l'autre, elles se sont formées dans un filament mycélien, à une faible distance, mais sans se toucher ; leur accroissement s'est fait dans toutes les directions aux dépens de la cellule-mère qui n'a pu conserver son calibre et qui s'est trouvée dilatée suivant l'axe des conidies et resserrée entre chacune d'elles.

Cette observation, dont j'avais déjà fait une mention sommaire en 1870 à la Société botanique de France, aurait pu, à elle seule, faire naître des doutes dans mon esprit au sujet de la véritable genèse des spores ou conidies acrogènes ; mes expériences sur les *Mycoderma* me donnèrent sur ce sujet des indications inattendues pour moi, mais d'autant plus significatives, en me faisant assister au phénomène de soudure des parois d'une cellule-fille de formation libre avec celle de la cellule-mère qui la renferme. J'ai reconnu plus tard que la netteté du phénomène était ici plus grande malgré la petitesse du sujet, parce qu'on pouvait ralentir ses phases plus facilement que chez les *Mucor* à végétation aérienne. L'étude de la formation des endospores (1) de *Mycoderma* se lie étroitement à la connaissance de la formation des acrospores, et il est d'autant plus nécessaire d'en approfondir l'examen que depuis le moment où j'ai décrit leur genèse, cette genèse a été appréciée de manières très diverses, et il m'a paru nécessaire d'accompagner ma description de figures qui aideront à la démonstration. Je n'ai rien à modifier à celle que j'ai donnée en 1868 et sur laquelle je reviendrai tout à l'heure. Mes observations ultérieures me l'ont confirmée, mais il est nécessaire de jeter d'abord un rapide coup d'œil sur les opinions émises depuis. Voici d'abord en quels termes M. Trécul fit connaître ses observations sur le même sujet; après avoir décrit un phénomène de cloisonnement sur lequel je reviendrai, M. Trécul ajoute : « Enfin dans d'autres cellules à plasma rare, celui-ci se condense en gros globules compacts assez volumineux pour occuper souvent toute la largeur de la cellule. Opaques et blancs, munis d'une petite aréole centrale quand ils sont déjà avancés en âge, ils sont entourés d'un liquide transparent qui laisse voir parfaitement la membrane de l'utricule-mère dans les endroits que ne touchent pas ces globules. Ce sont ces globules qui deviennent autant de cellules quand la membrane de la mère vient à disparaître. Avant de s'effacer, cette membrane se resserre contre les globules ou cellules-filles comme le montrent mes dessins; on peut la voir comme étranglée vis-à-vis de l'intervalle des globules, puis on cesse de l'apercevoir. Les nouvelles cellules deviennent libres à cette époque » (*Comptes rendus Ac. sc.*, t. LXVII, p. 130). C'était une bonne fortune que de voir confirmées mes observations d'une manière aussi précise par celles d'un micrographe aussi exercé, sans qu'il y ait eu entre nous la moindre communication. J'insiste surtout sur ce point, c'est que les connexions intimes que la membrane de la cellule-mère prend avec l'enveloppe de la cellule-fille, sont ici clairement indiquées, aussi bien que la formation primitivement libre des cellules-filles. Deux ans après, dans son mémoire sur les Champignons de levure alcoolique, M. Rees semble avoir perdu de vue cette seconde phase du développ-

---

(1) J'emploie le terme d'endospore parce qu'il est généralement usité dans les travaux sur les levures mais sans préjuger par ce terme la signification réelle ou l'homologie de ces corps reproducteurs.

pement endogène des spores de *Mycoderma;* voici comment il s'exprime : « Les cellules du Mycoderme s'allongent jusqu'à 20 micromillimètres; elles deviennent des asques et donnent naissance, par formation libre, à une ou trois spores, lesquelles deviennent libres après la dissolution de la paroi de l'asque. » Aussi, M. Reess n'hésite-t-il pas à ranger les *Mycoderma* parmi les *Saccharomyces* et à leur donner ce nom, opinion qui a prévalu depuis. M. Engel entre dans plus de détails sur la formation libre des spores et les préliminaires de cette formation, mais il ne parle pas de la phase ultime et de leur mise en liberté; il adopte le nom générique de *Saccharomyces* pour le genre et de thèque pour la cellule-mère (*les Ferments alcooliques*, Paris, 1872, p. 46-49).

M. Cienkowski, après une série d'observations détaillées sur les procédés de croissance du *Mycoderma vini,* décrit la sporification endogène d'une manière assez différente : « Je trouvai les endospores dans de petites cellules isolées, comme aussi dans des membres de l'association nées par bourgeonnement; jamais je ne les ai vues naître dans des cellules allongées (tab. II, fig. 36, *a, b*). La petitesse des endospores (0^{mm},004) ne permet guère d'indiquer exactement la manière dont elles se forment. Il semble qu'elles ne naissent pas par une formation libre de cellule, mais plutôt par une division du contenu entier. Dans les cellules disposées à former des endospores, le contenu se condense, ensuite il se divise en quatre disques situés en une rangée ou en autant de parties cunéiformes (tab. II, fig. 36, *c, d, e.*). Finalement ces parties du contenu s'arrondissent et restent dans la plupart des cas invariablement liées, formant des chapelets ou des tétrades; plus rarement elles sont isolées l'une à côté de l'autre (tab. II, fig. 36, *b, a*). Il est bien vraisemblable que les endospores parfaites peuvent quitter spontanément la cellule-mère. L'ouverture par laquelle elles sortent n'est pas déterminée. Une fois on les trouve réunies au sommet de la cellule-mère vide, une autre fois sortant d'une large ouverture latérale, finalement dispersées librement dans le liquide ou rassemblées en tétrades. »

Dans la suite, M. Cienkowski ajoute qu'il n'a jamais pu surprendre directement l'issue des spores.

On s'explique difficilement comment les cellules-filles peuvent sortir librement de la cavité de la cellule-mère, si elles ont été formées à l'origine par un cloisonnement au sein du protoplasma, les cloisons ne peuvent pas être indépendantes de la paroi de la cellule-mère. La description aussi bien que la figure des endospores de M. Cienkowski rappellent tout à fait celles que M. Reess a données de la levure du cidre au moment de la sporification endogène (*Bot. Unters. ub. d. Alkoolgarungspilze*, Leipzig, 1870, tab. III, fig. 8) et celles que M. Hansen a données plus récemment; on ne peut s'empêcher de se demander si M. Cienkowski n'a pas eu à un certain moment sous les yeux des plantes différentes, les procédés de culture n'étant pas, à la date de son mémoire, aussi perfectionnés qu'ils le sont aujourd'hui.

M. Brefeld, dans ses remarquables recherches, a abordé les difficultés que soulève l'histoire naturelle des *Saccharomyces*, mais il ne les considère qu'au point de vue de leur origine et non pas au point de vue de la sporification endogène que nous avons seule en vue ici. La culture de nombreuses espèces d'Ustilaginés lui a permis de constater que les spores de ces Champignons produisent des sporidies ou conidies qui se propagent par gemmation dans un milieu approprié; cette propagation est indéfinie comme pour les Champignons levure; les cellules qui se propagent ainsi gardent une forme typique constante pour chaque espèce. M. Brefeld en conclut que nous sommes sur la voie qui nous permettra de rencontrer le Champignon d'où proviennent les espèces de *Saccharomyces* de la levure. On ne peut s'empêcher de reconnaître que les expériences de M. Brefeld offrent de tout autres garanties que celles de ses devanciers et qu'il a fait faire un pas à cette question assez difficile; mais ce pas est loin d'être décisif, et les sentiments d'hostilité que l'auteur fait paraître contre l'école de M. de Bary l'ont peut-être amené à déplacer un peu la question. Au point où en sont arrivées nos connaissances sur ce sujet, aucun mycologue n'aurait lieu d'être surpris si quelqu'un venait annoncer aujourd'hui que toutes les conidies de Champignon ont la propriété de produire, dans des conditions données, des spores et des conidies secondaires, qui se reproduisent par gemmations successives au lieu de donner naissance à des filaments germinatifs. Que les conditions du milieu restant les mêmes, ces gemmations successives se perpétuent, rien de plus naturel, et il ne nous semble pas, d'après les termes dont il se sert dans sa *Morphologie des Champignons*, que M. de Bary ait attaché à ce fait une importance capitale pour trancher la question de l'autonomie de la levure. Mais le point délicat dans lequel se retranchent avec M. Reess les partisans de l'autonomie, c'est la production des endospores chez les vrais *Saccharomyces*, production dont ils font, avec raison, un caractère distinctif de grande importance (1).

M. Brefeld a placé les sporidies secondaires des Ustilaginés dans les conditions où d'habitude les *Saccharomyces* produisent des endospores : il n'a obtenu qu'une disposition de granules graisseux qui, sur les planches, font l'illusion d'endospores, mais que l'auteur reconnaît n'être que des granules réfringents sans membrane propre. Ce groupement du contenu des cellules ne constitue pas une disposition des éléments protoplasmiques pour former une réserve alimentaire, il est la suite de l'absence de matière nutritive dans le milieu ambiant, ainsi que je l'ai reconnu dans le *Penicillium glaucum* Lk., les *Mucor* et les réceptacles des Champignons charnus ; il correspond à une période ultime des actes végétatifs et le plus souvent à la mort de la cellule (*Expér. physiol. sur le* P. glaucum, *Bull. Soc. bot.*, 1872, t. XIX, p. 107). J'ai fait sur les conidies à forme de levure de l'*Oidium albicans* des expériences variées, dont j'ai donné le détail dans le *Dictionnaire encyclopédique des sciences médicales*, à l'article Oidium, et, pas plus que M. Reess, je n'ai pu obtenir de formation d'endospores ; il me paraît donc pour le moment impossible d'apercevoir un rapprochement à faire entre les *Saccharomyces*, les *Mycoderma* et les sporidies ou conidies secondaires de l'*Oidium albicans* ou des Ustilaginés. Les longs raisonnements de M. Brefeld sur les sporanges, leur analogie avec la simple conidie, les corps reproducteurs des Péronosporés, etc., ne peuvent tenir lieu d'une donnée expérimentale comme la production des endospores. On est donc fondé à admettre que les motifs de douter de l'autonomie des *Saccharomyces* sont encore insuffisants, sans y apporter le moindre esprit de système et tout en reconnaissant l'intérêt qui s'attache à la recherche d'une solution qui rattacherait les levures à tel ou tel Champignon dont elles ne seraient qu'un mode de propagation. Les perfectionnements apportés dans les procédés de culture et dans la constatation de la continuité organique des diverses formes présentées par une même espèce fongique peuvent faire espérer qu'une solution décisive, soit dans un sens, soit dans un autre, n'est plus hors de la portée de nos investigations.

M. de Bary a décrit la formation des endospores des *Saccharomyces* comme appartenant au mode de formation cellulaire libre ; il remarque, au sujet des obser-

---

(1) Le fait que la production d'endospores soit plus difficile à obtenir chez le *Saccharomyces cerevisiæ* que chez le *S. ellipsoideus* de la levure vinique n'infirme pas la généralité de ce caractère.

vations de M. E. Hansen, sur la production de cloisons, que la naissance de ces cloisons n'a pas été observée et que dès lors on peut supposer que les développements attribués par cet observateur à un cloisonnement ne présentent cet aspect que par suite des connexions de la paroi de la cellule-mère, fortement appliquée sur les cellules-filles. M. Cienkowski n'a pas décrit davantage le mode de développement des cloisons auquel il attribue la formation des endospores en chapelet, mais il décrit en détail les cloisonnements qui peuvent se produire dans des cellules allongées de *Mycoderma*. M. Trécul a fait connaître ce mode de cloisonnement dans des cellules pleines d'un plasma compact : « Les cloisons, dit-il, se dédoublant plus tard, laissent libres les cellules engendrées. » Il s'agit dans ce cas d'une multiplication cellulaire par scissiparité analogue au bourgeonnement de ces mêmes cellules dans un milieu suffisamment nutritif; c'est un phénomène distinct de la formation des endospores et que M. Trécul en distingue, mais qui a pu être confondu avec ce dernier par quelques observateurs. Ces divers points de vue exposés, il s'agit maintenant de déterminer les phases de développement des endospores de *Mycoderma*.

Les conditions de milieu une fois réalisées, l'observation suivie des cellules mycodermiques vous fait assister à la série de ces phases dans l'ordre suivant : Les cellules qui paraissent le plus aptes à former des endospores sont les cellules allongées du type représenté (pl. I, fig. 11). Les deux cellules ainsi figurées peuvent provenir soit d'un bourgeonnement qui fait que l'une est issue de l'autre, soit d'un cloisonnement suivant lequel elles pourront se séparer, mais leur séparation n'est pas nécessaire à la production des endospores. M. Cienkowski en fait la remarque et il constate qu'on trouve des cellules encore rattachées les unes aux autres ou isolées formant des endospores. Les cellules allongées (fig. 11) contiennent un protoplasma clair réfringent avec deux grandes vacuoles et trois nucléoles qui ne diffèrent pas par leurs caractères optiques de la lame protoplasmique, appliquée contre les parois cellulaires et entourant les vacuoles. Cette disposition n'est pas constante, mais on peut la considérer comme typique, tant elle est fréquente; il peut n'y avoir que deux ou même un seul noyau, ainsi qu'on le voit dans les autres cellules figurées à côté et notamment dans les figures 9 et 10; celles-ci sont dans la phase qui suit immédiatement l'état de la figure 11. La portion réfringente du protoplasma qui était appliquée contre la paroi interne de la cellule, s'est condensée autour du nucléole toujours visible, et de très fines ponctuations à l'extérieur annoncent l'apparition de la membrane, qui ne tarde pas à apparaître en formant un trait fin qui laisse un espace libre entre lui et le trait formé par la membrane de la cellule-mère; cet espace est comme tout le reste de la cellule rempli d'un liquide hyalin (épiplasma ou suc cellulaire), analogue à celui qui se trouvait dans les vacuoles; bientôt cet espace disparaît, et l'endospore alors complète, ayant son contenu dense réfringent et son enveloppe distincte très nette, touche les parois de la cellule-mère tantôt par les extrémités de son diamètre si elle est régulièrement sphérique, tantôt sur une plus longue étendue, si elle est ovalaire, forme qu'elle prend du reste presque toujours dans l'intérieur même de la cellule-mère et qui ne ressemble pas à celle que lui attribuent les figures de Cienkowski (*Pilze d. Kahmhaut*, pl. II, fig. 36) ou de M. Engel (*Les Ferments alcool.*, Paris, 1872, fig. 17, *b*). Ces figures, dessinées à un trop faible grossissement, semblent s'inspirer de la forme générale des endospores des *Saccharomyces* et ne donnent pas une idée suffisamment exacte de la réalité. L'endospore constituée s'accroît légèrement, le trait de son enveloppe s'accuse, tandis que celui de la membrane de sa cellule-mère s'affaiblit; celle-ci s'amincit et s'étrangle entre les endospores, comme on le voit figure 12 et beaucoup plus figure 7, où elle est devenue très ténue; elle se rompt et laisse libres les endospores qui emportent quelquefois une portion de la membrane destinée à disparaître bientôt, ainsi qu'on le voit en *e*, figure 7. La forme des endospores de la figure 7 est la forme définitive et typique de ces petits organes, forme qui est aussi la plus constante chez les éléments cellulaires non allongés des *Mycoderma*, végétant dans leur milieu naturel où ils se multiplient rapidement par gemmation; leur dimension est seulement un peu moindre. Le nucléole est toujours resté apparent, et dans l'endospore isolée de la figure 7 il y en a deux, comme dans la plupart des éléments courts de *Mycoderma*; il en est de même, figure 12, pour l'endospore supérieur; celles qui sont au-dessous paraissent dédoublées par une cloison transversale, mais il n'en est rien, ce sont des endospores qui se sont développées trop près l'une de l'autre et se sont comprimées par une de leurs faces en grandissant; la même chose s'observe dans les trois cellules de la figure 13. Celles-ci appartiennent au type arrondi, type dans lequel il y a d'habitude deux nucléoles, ainsi que je l'ai dit plus haut; il s'est formé une endospore autour de chaque nucléole, mais se trouvant trop rapprochées, elles se sont aplaties par une face sans remplir toujours cependant toute la cavité de la cellule-mère, ainsi qu'on peut le remarquer dans la cellule supérieure de là figure. La figure 14 indique un cas assez rare de développement d'endospores dans une dissolution de jus de groseille très étendue : les cellules-mères allongées contiguës ont été envahies par le développement des endospores au point qu'on ne peut plus les distinguer et que même deux endospores s'étant développées dans le sens du diamètre transversal de la cellule-mère supérieure, il en résulte un aplatissement qui figure une cloison longitudinale, mais c'est là un fait exceptionnel et qu'on pourrait qualifier de tératologique. Par contre, il peut se faire que les endospores restant plus petites que le calibre de la cellule-mère soient libres même à leur maturité; une observation attentive montrera que c'est l'exception, même à ceux qui ont cru y voir l'état normal. Ce développement d'endospore à l'intérieur des cellules-mères est-il tout à fait analogue à celui qu'a décrit et figuré M. de Bary pour le *Saccharomyces ellipsoideus* Reess, et qui laisse une portion de protoplasma non utilisée entre la paroi de l'endospore et celle de la cellule-mère? Dans les cellules mycodermiques, le protoplasma est transparent, et en dehors du noyau ne présente de très fines granulations que pour la formation de l'enveloppe de l'endospore; l'espace qui reste vide pendant peu de temps entre l'endospore et la membrane de la cellule-mère, comme la cavité de cette cellule non occupée par les endospores sont transparents et limpides et peuvent être remplis soit par du protoplasma ne contenant point de matériaux surajoutés, soit par du suc cellulaire; il est donc difficile de se prononcer sur la question de savoir si le protoplasma de la cellule-mère est employé en partie seulement ou en totalité par les endospores en formation; plus tard, quand la membrane de la cellule-mère paraît s'être fusionnée avec l'enveloppe de ces endospores et que la capacité de la cellule-mère est tellement absorbée, qu'il ne subsiste plus que des isthmes très étroits, reliant les grains de chapelets formés par les endospores, il est très probable que tout le protoplasma a disparu; mais alors on ne peut plus parler d'endospores libres, puisqu'elles sont si étroitement unies à la cellule-mère, ce sont de vraies chlamydospores qui se détacheront l'une de l'autre par la rupture des parties étranglées et amincies de la cellule-mère.

J'ai insisté sur les aspects successifs de ce développement parce que nous allons le retrouver avec ses traits caractéristiques dans la formation de conidies, dites acrogènes, et qui en réalité sont aussi nettement endogènes que les endospores du *Mycoderma*. Sans vouloir m'attarder trop longtemps sur ce sujet et m'éloigner de celui que j'ai surtout en vue ici, il me sera permis de faire remarquer la différence qui sépare la formation des endospores de *Mycoderma* de celles des endospores de *Saccharomyces* qui restent libres de toute adhérence avec la paroi de la cellule-mère. Depuis le moment où j'ai décrit cette formation, elle a été généralement méconnue sauf par M. Trécul. Les Mycodermes ne peuvent en réalité être rangés parmi les *Saccharomyces* que par les auteurs qui admettent la filiation organique de ces deux formes et pour lesquels le Mycoderme serait une forme conidienne du *Saccharomyces* considéré comme un thécasporé élémentaire.

III

La formation endogène qui vient d'être décrite diffère de la formation cellulaire libre par ce fait que le corps reproducteur libre au début ne peut plus mériter ce nom au moment de la maturité; il est alors appliqué et souvent soudé à la paroi interne de la cellule-mère. Cette formation s'observe chez des types de Champignons à sporophores filamenteux, chez de vrais Hyphomycètes. MM. Berkeley et Broome ont nommé *Sporoschisma* un genre de Champignon décrit par eux et par d'autres auteurs, en particulier par Fresenius, publié dans la collection des *Fungi italici* (pl. 928) et de la *Mycotheca veneta*, n° 288 de M. Saccardo. Le *Sporoschisma mirabile* a frappé les observateurs par le développement endogène de ses spores, qui restent libres de toute adhérence à la cellule-mère; celle-ci joue le rôle d'une véritable thèque, d'où les spores sont successivement expulsées. Le fait ainsi compris et décrit n'est qu'à moitié exact. En ce qui concerne le *S. mirabile*, je n'ai eu à ma disposition que des échantillons d'herbier et, pour ces sortes de plantes, les collections sèches ne sont que des pâturages destinés à l'engraissement des Acariens qui broutent tous les éléments dressés : hyménium, filaments, sporophores, etc. ; les débris qui en restent, spores ou autres, sont souvent précieux pour les comparaisons qu'exige une détermination précise d'espèce, mais, pour l'étude anatomique, il serait indispensable de faire des collections dans des liquides. Elles pourraient être considérables sous un petit volume; de petits tubes comme ceux dont les homœopathes se servent pour leurs globules, suffiraient à contenir les échantillons d'un grand nombre d'espèces fongiques. Mais j'ai pu examiner comment les choses se passent sur une espèce nouvelle se développant abondamment dans le parenchyme du fruit de l'Ananas et qui a tous les caractères d'un *Sporoschisma*. Le mycélium filamenteux, à calibre étroit, cloisonné, transparent, donne naissance à des filaments dressés, étroits à la base, s'élargissant rapidement pour s'atténuer de nouveau, mais moins brusquement. Ces filaments sporophores sont d'une teinte enfumée dans une plus ou moins grande partie de leur longueur, et présentent trois ou quatre cloisons à leur base élargie; la partie supérieure est à l'origine incolore et consiste en une série de conidies cylindriques se touchant par leur face inférieure et supérieure, et dont la coupe offre la figure d'un rectangle comme dans les *Chalara* ou les *Sporendonema*. Plus tard les filaments sporophores conservant toujours la même teinte, ou quelquefois devenus plus pâles, donnent naissance à des conidies colorées en brun pâle, soit de même forme et de même dimension, soit un peu plus grandes, arrondies et celle du sommet dépassant un peu le diamètre du sporophore; ces conidies sont uniloculaires au lieu de présenter deux ou trois cloisons comme celles du *Sporoschisma mirabile* B. et Br. En continuité avec le même mycélium et quelquefois côte à côte avec les autres sporophores, des filaments se dressent en général plus courts, d'un calibre plus égal, incolores comme le mycélium, et donnant naissance à des conidies d'une teinte brun verdâtre foncé (fig. 22, *a*, *b*, *c*, pl. I), qui forment de courts chapelets et se détachent du sommet de ces filaments. Il résulte de ce fait que j'ai constaté plusieurs années de suite un aspect assez curieux de la tache que forme cette moisissure. Une coupe faite dans le fruit, lorsque celui-ci a pris un grand développement, offre une grande tache noire avec un point de départ vers la périphérie, l'introduction du Champignon ayant eu lieu par l'extérieur. La portion de la tache, qui est à l'extrémité opposée et qui est la dernière formée, est blanche. L'opposition est si nette que l'on croirait avoir affaire à deux moisissures superposées, comme il arrive si souvent entre les *Mucor* et les *Penicillium*. Mais il n'en est rien et l'examen micrographique rend compte de cet aspect par le simple fait que les conidies les premières formées sont incolores, blanches en masse et les dernières brunes, noires vues en masse. Il y a des passages et des transitions de couleur et de forme très curieux, dont la description ne peut trouver place que dans une monographie de cette plante, qui, je pense, n'a pas encore été décrite. Je l'appellerai donc *Sporoschisma paradoxum*, à cause du dimorphisme des spores.

Sans m'attarder à la recherche des droits d'auteur pour cette curieuse espèce et encore moins à la possibilité de fonder pour elle un genre nouveau, je n'ai à l'envisager ici qu'au point de vue de la formation des conidies. Un premier examen offre des chaînettes de ces organes détachées ou encore fixées à leurs sporophores et, si l'on s'en tenait là, surtout à un faible grossissement, on verrait dans cette espèce de Torulacés un exemple ajouté à tant d'autres de la formation exogène des acrospores cylindriques ou ovales. Cependant, lorsque les spores supérieures se sont détachées une à une ou plusieurs ensemble du sommet du sporophore, celui-ci ne s'allonge pas, il continue à former des conidies de même calibre; et comme celles-ci se forment au niveau de la portion élargie du sporophore, on voit clairement qu'elles en occupent l'intérieur et, qu'ayant leur enveloppe propre, elles sont absolument libres dans le filament-mère, comme les spores de Pézize dans une thèque, c'est là l'aspect sous lequel on représente et on décrit le *Sporoschisma mirabile*. Les figures de M. Berkeley (*Introd. à la bot. crypt.*, p. 327) et de M. Saccardo (*Fung. ital.*, n° 928), ne montrent que des exemplaires dont le sporophore est tronqué assez bas. La figure 27 de Fresenius, planche VI, indique sur un sporophore une conidie terminale. A en juger par la forme arrondie de son sommet, il n'y a pas de double trait, elle ne semble donc pas renfermée dans la cavité du sporophore, bien que l'auteur n'ait pas porté son attention de ce côté et ne le mentionne pas dans le texte. Des recherches plus attentives montreront sans doute que le *S. mirabile* ne se comporte pas autrement que l'espèce très distincte du reste qui nous occupe. Il n'est guère admissible que sur un même filament sporophore des organes cellulaires de forme et de dimension identiques se développent en acrospore en un point, et en endospores à quelques centièmes de millimètre au-dessous; mais il ne faut jamais supposer que rien soit impossible dans les combinaisons que peut vous présenter la nature, et, partant de ce principe, je me suis livré à l'examen le plus minutieux. La disposition du sporophore facilite cet examen par son atténuation insensible d'une part et l'égalité de diamètre que possèdent généralement les conidies incolores pour une même cellule-mère. Il en résulte qu'avec un peu d'attention et à un grossissement suffisant, on peut, dans une cellule-mère, en partant de sa base, voir les parois de la cellule-mère très écartées d'abord des conidies absolument libres, se rapprocher insensiblement de celles qui sont au-dessus et le trait se fondre insensiblement par suite de la soudure des deux parois. Il s'agit bien, en effet, d'une soudure et non d'une disparition de la membrane de la cellule-mère, car, à la déhiscence des conidies, on en surprend qui, détachées à moitié, libres par un côté, sont encore retenues du côté opposé par une sorte de charnière (*n*, fig. 24, pl. I) qui n'est qu'un lambeau de la cellule-mère incomplètement rompue. En examinant la première conidie qui se forme, il arrive qu'elle est quelquefois à une certaine distance de celle qui naît au-dessous, ou d'une cloison de la cellule-mère ; on peut voir alors qu'elle se développe comme dans une petite chambre sporangiale monospore dont les parois se soudent avec elle. S'il s'agissait ici de la formation d'une enveloppe interne d'épaississement, comme dans d'autres cas, on ne comprendrait pas que cette enveloppe ne suivît pas le contour de la conidie et la diminuât de tout cet espace vide constaté ci-dessus qui la sépare soit d'une cloison, soit d'une conidie située au-dessous. Ces deux indications obligent donc à conclure que les conidies supérieures sont comme les inférieures de vraies endospores, et que la différence d'aspect que présente leur mise en liberté, provient uniquement des connexions plus ou moins étroites de la cellule-mère avec ces conidies.

La destruction progressive de la cellule-mère, au niveau de la séparation de chaque conidie, fait qu'il n'en reste bientôt plus que la portion élargie dans laquelle se trouvent les conidies restées libres de toute adhérence avec la cellule-mère, elles en sortent alors comme on peut le voir, planche I, figure 23, *s*, poussée sans doute par l'expansion du protoplasma qui est resté à la partie inférieure entre ces conidies et la plus élevée des cloisons qui segmentent la cellule-mère près de sa base. Il faut remarquer que les conidies les plus inférieures se développent quelquefois à une petite distance l'une de l'autre ; elles ont dans ce cas une tendance à prendre une forme ovalaire comme on le voit figure 23, et c'est ici que commence la transition de la forme primitive cylindrique ou en baril à la forme ovale plus ou moins éloignée de la forme sphérique et se rapprochant de l'aspect fusiforme. Il nous est arrivé de voir sur le même sporophore, à l'extrémité supérieure, une conidie de couleur brune, ovale, à base aplatie par le contact des conidies placées au-dessous dont trois incolores et cylindriques, puis un espace libre et trois conidies arrondies, légèrement distantes, dont la plus inférieure offrait la teinte brune de la conidie terminale. Cette couleur est moins foncée que celle des autres conidies qu'il nous reste à étudier; elle a la teinte enfumée rougeâtre de la cellule-mère dans sa portion basilaire, mais à part cela la transition des formes est telle qu'elle nous mettrait sur la voie, si elle était plus fréquente, des rapports organiques qui unissent les deux formes de corps reproducteurs et qu'il est très facile de constater à partir du mycélium commun. Les conidies colorées, qui pourraient être appelées macroconidies en les comparant à celles que nous venons de décrire, sont d'une dimension plus forte que le diamètre du sporophore, et cependant leur formation endogène n'est pas moins évidente; leur membrane colorée de bonne heure se laisse distinguer de celle de la cellule-mère incolore, et si les premières formées se montrent en chapelets serrés qui se désarticulent sans laisser soupçonner leur véritable mode de formation (fig. 22, *a*), il en est tout autrement des dernières; celles-ci se développent plus lentement au voisinage de la cloison qui partage le sporophore en une portion fertile supérieure et en une portion inférieure de support; on a alors l'aspect d'un sporange monospore comme celui que j'ai décrit plus haut et qui est figuré en *b*, la déhiscence en éclaire nettement la structure; ce sporange se déchire en effet à des hauteurs différentes, suivant que la membrane de la cellule-mère s'est soudée avec la conidie sur une plus ou moins grande étendue, et la conidie est mise en liberté comme on le voit dans la figure 22, *c*; la continuité de la cellule-mère avec la membrane qui enveloppait la conidie et qui forme une sorte de cuvette après sa rupture ne peut être mise en doute; je l'ai constatée nombre de fois.

M. le docteur Richon a découvert dans le tissu de l'*Hydnum Erinaceus* Bull. des cellules fertiles qui donnent naissance à des conidies endogènes, mises en liberté par la gélification des parois de la cellule-mère; je n'ai rencontré jusqu'ici que des échantillons stériles, et M. Richon ayant distribué tout ce qu'il possédait de son échantillon conidifère, il m'a été impossible d'étudier cette intéressante production. La figure publiée par M. Richon n'indique pas l'épaisseur de la membrane de la cellule-mère dessinée seulement par un trait, on ne peut se rendre un compte exact du degré de liberté des conidies; l'extrémité des cellules-mères n'est représentée que pour une seule, et l'on ne peut savoir si dans certains cas donnés la membrane de la cellule-mère n'est pas, avant sa dissolution, en connexion plus intime avec les premières conidies, formées comme nous venons de l'indiquer, pour le *Sporoschisma paradoxum*, et comme la figure de *Fresenius* permet de le supposer pour le *S. mirabile;* il y aurait là une étude intéressante à faire et dont on voit la portée pour la question que nous étudions. Il serait d'autant plus désirable de se livrer à cet examen que dans le *Ptychogaster albus* Cda, chez lequel M. Cornu a décrit la genèse endogène des conidies, celles-ci ne se présentent pas toujours avec le caractère de liberté complète par rapport à la cellule-mère que M. Richon attribue aux conidies de l'*Hydnum*, bien que dans l'un et l'autre type il y ait une gélification des parois de la cellule-mère.

Sur un exemplaire de *Ptychogaster albus* Cda, rapporté d'Angleterre, sur lequel j'étudiais les divers états d'excroissances cellulosiques bleuissant par l'iode, développées à l'intérieur des cellules, j'ai suivi aussi le développement des spores semblable à celui qu'a décrit M. Cornu; la figure 15 de la planche I montre les divers stades de cette genèse. Bien qu'en général une gélification assez prompte des parois longitudinales mette en liberté les spores et surtout celles qui se forment en file dans la continuité d'un filament comme celle de gauche dans la figure 15, on voit quelquefois les spores terminales comme celles qui forment un bouquet (fig. 15), étroitement accolées à la cellule-mère qui s'étrangle, au-dessous se détacher comme des acrospores. Au point de vue de la genèse véritable des spores, il est peu important que la cellule-mère ait un peu plus ou un peu moins de tendance à se gélifier d'un seul coup ou de proche en proche; on comprend que des influences atmosphériques ou un degré de consolidation des matériaux cellulosiques un peu plus ou un peu moins avancé, dans deux échantillons nés dans des conditions de milieux différentes ou sur un seul individu, dont une portion peut être plus ou moins influencée par les conditions extérieures, ne changent rien au fond des choses, mais le fait est intéressant à noter au point de vue des illusions qui peuvent se produire aux yeux de l'observateur et que le présent travail a pour objet de détruire. Sous ce rapport, le *Ptychogaster albus* nous fournit un passage de plus pour nous amener aux exemples des conidies à forme franchement acrosporée, qu'il nous reste à étudier. La gélification des parois de la cellule-mère, étant souvent très prompte, ne permet pas d'ordinaire la soudure de ces parois avec l'enveloppe des conidies formées librement; on ne peut soupçonner un commencement de soudure que dans le cas cité plus haut, où la membrane mieux consolidée paraît ne se détruire qu'au-dessous d'une cellule terminale et prend une forme en chapelet qui accuse une affinité avec les chapelets de conidies considérés jusqu'ici comme acrosporés; il est temps d'arriver maintenant à celles-ci.

IV

Le *Polyporus sulfureus* Bull. présente, soit dans son réceptacle hyménophore, soit à l'intérieur de réceptacles sans tubes et faisant fonction de pycnides, un développement de conidies naissant à l'extrémité de filaments conidiophores, qui se ramifient et forment des bouquets assez analogues à ceux que j'ai décrits dans les Fistulines; mais ici l'observation de la genèse de ces prétendus acrospores est facilitée par diverses circonstances qu'une description détaillée va nous faire connaître, bien qu'elle ait déjà trouvé place dans un Mémoire spécial consacré à l'histoire de ce Champignon; nous la complétons ici, parce qu'elle nous fournit un type important au milieu de ceux que nous nous sommes proposé de rapprocher dans ce travail dont l'intérêt est surtout dans la comparaison de types appartenant à des groupes très divers. Nous ne reviendrons pas sur les phénomènes qui se passent dans l'ensemble des cellules formant la zone de pseudo-parenchyme dans laquelle se produisent les conidies sur les procédés de ramification qui amènent la formation de bouquets de conidies, il nous suffit d'examiner la manière dont se développe une conidie isolée et l'aspect que présentent beaucoup d'entre elles à la maturité; quelques-unes se développent dans la continuité des cellules, soit au centre même de la cavité, soit dans un bourgeonnement latéral; mais ici, ce mode de développement qui domine chez l'*Hydnum*, qui est très fréquent chez le *Ptychogaster*, devient l'exception, le développement des conidies se fait presque toujours au sommet des cellules conidiophores. Les jeunes cellules sont à paroi mince; mais, si le développement conidien se poursuit vers le centre du pseudo-parenchyme, il se fait aussi bien avec des cellules-mères à parois épaissies qui constituent le type fondamental des cellules du polypore; dans l'un et l'autre cas il se produit au sommet terminal de la cellule une ampoule sphérique ou ovale, dont l'enveloppe mince d'abord comme tous les tissus de nouvelle formation se remplit de protoplasma dense; une cloison se forme immédiatement au-dessous de l'ampoule, quelquefois à une petite distance au-dessous et sépare ainsi l'ampoule du reste de la cellule. Quand la conidie forme sa membrane propre, son contour extérieur vient quelquefois affleurer cette cloison; d'autres fois, elle laisse un intervalle entre elle et la cloison, comme on le voit planche I, figure 18. Cette figure représente à un grossissement de 350 fois une conidie toute formée : sa membrane d'enveloppe a atteint presque l'épaisseur de la membrane épaisse de la cellule-mère, au centre un gros noyau réfringent de matière grasse séparé de la paroi par un espace clair; telle est la constitution très uniforme de toutes ces conidies, quelle que soit leur forme et quelle que soit aussi leur dimension, qui est très variable; bien que la figure 18 soit assez significative alors même qu'on ne saurait rien sur les développements antérieurs, il y a des cas dans lesquels la conidie endogène se montre libre, non pas seulement par l'une de ces extrémités, mais par une grande portion de sa surface; le sporange formé par l'ampoule a pris une forme ovalaire; la conidie n'ayant pas suivi ce développement, mais étant restée sphérique, il en résulte que cette sphère inscrite dans un ovale ne touche celui-ci que par un de ses diamètres, c'est ce que montre la figure 19. C'est un état qui n'est peut-être que transitoire, car l'afflux des matériaux cellulosiques est tel que très souvent la cellulose comble les espaces libres ainsi limités et qui n'étaient remplis que de protoplasma transparent. La cellule-mère porte alors à son sommet la conidie, dont la paroi confondue avec celle de la cellule paraît deux fois plus épaisse, et cet épaississement se prolonge dans la cellule-mère et comble une partie de sa cavité, parce que l'espace qui séparait la conidie de la cloison formée avant elle s'est rempli de cellulose; quand la conidie est rendue libre par la séparation qui s'accomplit dans la cloison même, il arrive que la conidie est munie d'un petit pédicelle comme celui qui orne la spore de certains Hyménomycètes et qui provient du stérigmate, avec cette différence qu'ici l'appendice, au lieu d'être creux, est solide. Pour reconstituer la structure primitive des organes, il suffit de placer les conidies sous l'influence de l'acide sulfurique; la figure 20 montre à un fort grossissement, près de 600 fois, une conidie ayant subi l'action de l'acide sulfurique. La membrane externe, en continuité avec la paroi de la cellule-mère et la cloison, apparaît avec un double contour; elle a cette réfringence bien connue des parois fortement gonflées de cellulose, la membrane propre de la spore s'est contractée, elle laisse une distance très appréciable entre elle et la paroi de la cellule-mère, elle a un double contour, la même réfringence que la membrane externe, mais un peu moins d'épaisseur, au centre est le gros globule graisseux que l'acide sulfurique fonce et brunit légèrement. Cette expérience à elle seule prêterait à une critique, et l'on pourrait dire que la conidie de la figure 20 s'est formée par cloisonnement. La cloison est continue dans cette figure avec la paroi externe de la conidie et l'ensemble est la première enveloppe; une seconde enveloppe d'épaississement se serait formée à l'intérieur, comme cela arrive dans beaucoup d'organes reproducteurs dont on ne peut dire que l'enveloppe externe corresponde à un sporange, notamment si le fait se produit, et il est très fréquent, chez des spores nées librement à l'intérieur de thèques. Mais le cas où il y a des vestiges de la chambre sporangiale, comme dans les figures 18 et 19, cas qui se présente surtout pour les dernières conidies formées, quand l'activité végétative a perdu de sa vigueur, ne se prête pas à une semblable interprétation ; encore moins peut-on la formuler si l'on met en germination dans des liquides sucrés ou des sucs de fruits, les conidies en question, en ayant soin de ne pas attendre leur déhiscence et de les placer sur le porte-objet ou en cellule avec une portion de la cellule-mère qui les porte; ces conidies se gonflent, une portion de la cellule-mère formant la calotte supérieure de la conidie se résorbe et la conidie devient libre tantôt un peu plus tôt, quand elle a encore son aspect primitif avec un gros noyau graisseux central (fig. 21, *e*), tantôt plus tard, quand le protoplasma a pris l'aspect granuleux qu'il a coutume de revêtir au moment où la conidie va pousser un filament germinatif (fig. 21, *f*). La continuité de la membrane externe de la conidie avec celle de la cellule-mère ne peut dans ce cas faire le moindre doute, et on remarquera l'analogie frappante de cette figure avec la figure 22, *c*, qui reproduit la déhiscence naturelle d'une macroconidie du *Sporoschisma paradoxum*.

Ces observations sont ici très facilitées par les épaisseurs respectives des enveloppes, et les déplacements que subit la cellulose et qui amènent l'épaississement de telle ou telle partie des cellules-mères ou des conidies aux dépens de telle autre qui s'amincit jusqu'à se détruire. Quoi qu'il en soit et que la conidie soit complètement ou incomplètement soudée avec la membrane de la cellule-mère qui lui forme sporange, lorsque la chute de cet organe reproducteur se produit dans les conditions normales, à la hauteur de la cloison formée, comme on l'a vu plus haut, antérieurement à la naissance de la conidie, on se trouve en présence d'un cas tout à fait semblable à celui qui se produit lorsqu'un sporange contenant une seule spore libre se détache, comme chez les *Cystopus*, les *Peronospora*, les *Chætocladium*, les *Thamnidium*, par un procédé semblable à celui qui mettrait en liberté une spore nue une acrospore véritable.

Le sporange monospore n'accompagne pas toujours la cellule-fille née dans son sein : il s'ouvre quelquefois comme le sporange polyspore des Mucorinés et les débris de ce sporange restent attachés à la cellule-mère. Une curieuse espèce découverte, décrite et figurée par le docteur Richon, le *Psilonia cuneiformis*, m'a fourni sur ce point un sujet d'observation intéressant. Cet Hyphomycète forme sur le bois pourri des taches d'un brun foncé, où la loupe permet de distinguer des touffes de filaments dressés, raides : ce sont les sporophores qui portent chacun à leur sommet une spore cunéiforme, comme une toque un peu allongée, dont la plus large surface serait légèrement bombée et devient plane par la dessiccation. Ces spores sont brunes comme les filaments dressés qui les portent et se détachent par leur base étroite et de même diamètre que le sporophore. Ce sporophore présente aussi, de distance en distance, des *gaines en forme de godets*, comme la gaine des tiges des *Equisetum*, mais non appliquées sur le filament. M. Richon, partant de l'idée que les spores du *Psilonia* sont de vraies acrospores, est conduit à expliquer leur présence de la manière suivante : « Je pense que la formation de cette gaine est due à la force végétative du filament. Quand ce dernier, surmonté d'une spore, contient encore du protoplasma en excès, il rompt les parois de la spore pour donner passage à un prolongement de la tige qui se termine par une spore nouvelle et définitive. » Mon excellent confrère ayant eu l'obligeance de m'envoyer son échantillon, j'ai pu me rendre compte de la formation de ce curieux appendice ; l'échantillon, n'avait pas été endommagé par les Acariens et m'a montré des spores à tous les stades ; j'ai pu en dessiner à la chambre claire des figures qui les représentent comme s'ils s'étaient produits successivement sous mes yeux Le premier fait que je pus constater, c'est qu'il y avait des spores à moitié engagées dans la gaine appliquée contre elles ; cette gaine n'était donc pas le vestige de la membrane propre d'une spore ; il était facile de rapprocher l'aspect présenté par ces spores en voie de déhiscence de celui que nous offrent les figures 21 et 22 de la planche I, mais je n'ai pas voulu me contenter de ce que cette analogie a d'instructif, j'ai été assez heureux pour trouver des spores attardées qui m'ont offert l'état antérieur, dans lequel la spore n'est pas encore détachée ; la coloration des membranes ne permet pas d'en suivre facilement les limites, mais elle permet de se rendre compte du fait suivant : Au sommet de plusieurs spores, on voit comme une déchirure circulaire qui, se présentant d'ordinaire par le profil, laisse constater le trait d'une membrane extérieure déchirée irrégulièrement (fig. I, 1), et le trait d'une membrane intérieure qui, si la déchirure est grande, commence à faire saillie au-dessus (fig. I, 2); cette membrane intérieure, c'est celle de la spore, et la membrane extérieure est celle d'un sporange accolé à la spore, qui se résorbe par le sommet et qui laisse ensuite la spore en liberté lorsque le tiers supérieur environ se trouve détruit (fig. I, 3) ; sa disposition en entonnoir rend l'évacuation de la spore facile et les deux tiers inférieurs forment une collerette destinée à devenir une gaine par un phénomène très simple, et dont j'ai pu surprendre ainsi les trois degrés principaux. La grande quantité de spores à l'état libre entremêlées aux filaments du Champignon s'explique, et serait au contraire assez surprenante si chaque collerette correspondait à une spore détruite, et si chaque filament sporophore, qui en est muni, ne donnait naissance qu'à une seule spore terminale, les précédentes ayant été successivement détruites par la croissance du sporophore. Une fois la spore mise en liberté, la cloison qui séparait le sporophore du sporange forme dôme, et l'on peut voir par transparence (fig. I, 4) à l'intérieur de quelques collerettes terminales se former un prolongement cellulaire qui sort de la collerette; il est à ce moment incolore, comme cela arrive à l'origine chez tous les Champignons à cellules de couleur brune (fig. I, 6) ; j'ai surpris une fois une bifurcation se formant au niveau de la cloison et sortant de la collerette comme la branche principale.

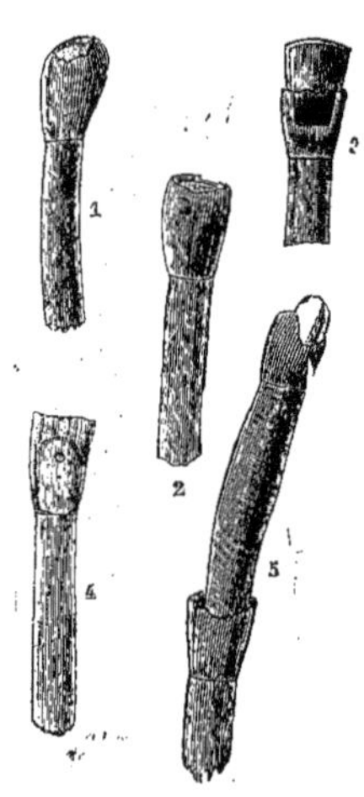

FIGURE I.

M. Berkeley a signalé chez le *Stilbospora macrosperma* Pers. (*Melanconis Berkelæi* Tul.) l'existence de collerettes analogues, très nettement figurées dans la planche X, figure 6 de Hooker (*Journ. of Bot.*, 1851, t. III : *On some facts tending to show the probability of the conversion of Asci into Spores in certain Fungi* by Berkeley and Broome). Je ne puis que signaler cette figure, n'ayant pas eu à ma disposition des échantillons assez frais de *Stilbospora* pour vérifier le fait et pour pouvoir suivre la genèse des spores. La figure donnée par Corda (*Icones Fung.*, II, pl. 13) de l'*Helminthosporium stemphylioides* et celle du *Cladotrichum scyphophorum* Corda (*Flore illustr. des Mucéd. d'Europe*, pl. XXIII) reproduisent des dispositions analogues.

Les types dits acrosporés, chez lesquels de pareils vestiges de sporanges accusent le développement endogène des conidies, sont rares; pour qu'ils se réalisent, il faut que la membrane de la conidie appliquée contre la paroi interne de la cellule-mère ne se soude pas avec cette dernière, ou ne soit que partiellement ou imparfaitement soudée. C'est à cet ordre de faits que se rapportent les observations de MM. Van Tieghem et Lemonnier sur les *Chætocladium*, résumées par eux en ces termes : « Les organes reproducteurs du *Chætocladium* ne sont pas de simples spores acrogènes, mais de véritables sporanges monospermes et qui se détachent à la maturité par rupture de leurs pédicelles, comme se détachent les sporangioles, parfois aussi monospermes des *Helicostylum*, *Thamnidium* et *Chætostylum*. En effet une simple pression ménagée fait éclater la membrane grisâtre et granuleuse du sporange et en fait sortir une spore sphérique lisse homogène, le plus souvent colorée en bleu ardoisé plus ou moins foncé. » Et plus loin, à propos du *Chætocladium Jonesii* Fres. : « Ces corps reproducteurs détachés de la plante à la maturité, sont d'un bleu d'ardoise plus ou moins intense; leur surface externe est hérissée de granules calcaires plus ou moins développés, granules qui n'ont pas échappé à MM. Berkeley et Broome, et l'on y trouve parfois adhérente une petite partie du pédicelle cassé. Il n'est pas rare qu'on puisse y distinguer une membrane externe séparée du corps sphérique intérieur, parce que la spore ne remplit pas complètement le sporange, mais souvent cette distinction directe est difficile parce que la spore est partout en contact intime avec la paroi interne du sporange; il en est d'ailleurs de même dans les sporangioles monospermes du *Thamnidium*. Par la pression on brise facilement la membrane externe cassante et il en sort un corps sphérique homogène à sa surface lisse, colorée en bleu ardoisé, quelquefois très intense; c'est la spore; la membrane déchirée du sporange est mince, granuleuse et grisâtre. Mais c'est dans les phénomènes qui accompagnent le début de sa germination qu'on trouvera peut-être la preuve la plus convaincante de la nature sporangiale du corps reproducteur. Nous allons donc rendre compte de l'un de nos nombreux semis cellulaires purs. Un rameau fructifère de *Chætocladium Jonesii*, terminé en pointe et portant sur son renflement médian huit corps reproducteurs déjà mûrs, mais encore attachés à leurs pédicelles, est placé en cellule dans une goutte de jus d'orange. Sept heures après le semis la membrane externe s'est ouverte par une assez large déchirure, et la spore est, suivant les corps reproducteurs, ou totalement sortie ou encore à moitié contenue dans la membrane; pour ces derniers on assiste à la sortie qui a lieu avec une certaine force de projection, de manière à envoyer la spore dans le liquide à une petite distance du rameau fructifère. Bientôt il ne reste adhérentes à ce rameau que les membranes granuleuses et fendues des sporanges primitifs attachées par leur pédicelle au renflement » (*Recherches sur les Mucorinées*, *Ann. des sc. nat.*, 5e sér., t. XVII, p. 333 et 335). M. de Bary, qui tient pour vraies acrospores les organes reproducteurs de *Chætocladium* décrits par M. Van Tieghem, n'oppose aux observations précises que l'on vient de lire aucune observation contradictoire; il paraît supposer (*loc. cit.*, p. 166) que ces observations sont susceptibles de plusieurs interprétations différentes, et que celle adoptée par M. Van Tieghem « a sa source dans cette opinion, à savoir que toutes les formations de conidies dont il est ici question (*Chætocladium*, *Thamnidium*, *Piptocephalis*), sont homologues, et qui repose sur cette erreur que les spores homologues doivent naître exactement d'après le même mode de formation cellulaire ». M. de Bary a le droit d'être difficile en fait de preuves à apporter à l'appui d'une discussion scientifique, mais le rapprochement que je viens de faire de la réponse de M. de Bary aux observations de M. Van Tieghem me paraît de nature à montrer qu'il a ici quelque peu dépassé son droit et qu'une discussion sérieuse des faits eût été préférable à cette appréciation sommaire.

On a vu que le sporangiole du *Chætocladium* emporte quelquefois avec lui *une petite partie du pédicelle* qui le supportait. Chez les spores ou conidies supposées acrogènes, on rencontre de très nombreux exemples de ces vestiges de la cellule-mère restant ou habituellement ou accidentellement attachés au corps reproducteur. Ce cas est plus fréquent que celui signalé plus haut et dans lequel la cellule-mère porte les vestiges du sporange, d'où la spore a été expulsée. N'ayant nullement l'intention de procéder par interprétation, nous ne voulons pas en conclure que les nombreux Gastéromycètes, Agaricinés ou Mucédinés chez lesquels un grossissement suffisant permet de constater de pareils vestiges doivent être considérés *ipso facto* comme possédant des spores endogènes soudées à leur sporangiole.

Il se pourrait en effet que des cellules-filles se développent par le cloisonnement de la cellule-mère, tel qu'il est décrit d'ordinaire pour les *Torula*, *Oidium*, *Agaricus*, etc., puis à la maturité de ces cellules-filles, la cellule-mère se détruisant un peu au-dessous de la cloison qui les sépare l'une de l'autre, la spore ou conidie entraînerait avec elle une petite portion de la cellule-mère qui la porte; on aurait ainsi l'aspect particulier des spores pédicellées des *Bovista* et de beaucoup d'autres Hyménomycètes. Il est nécessaire d'observer les phases de développement pour arriver à une certitude à ce sujet; mais il est cependant impossible de ne pas reconnaître qu'il y a dans ce fait une première indication, car dans les types vrais de cloisonnement bien étudiés, s'il se produit une séparation entre les cellules individualisées par ce cloisonnement, c'est par la bipartition de la cloison elle-même que les cellules se détachent l'une de l'autre. Ce phénomène, depuis longtemps décrit et connu chez les Algues, est l'argument principal sur lequel repose la démonstration de M. de Bary, dans sa description si précise de la formation des conidies de *Cystopus Portulacæ* (*Vergleich. Morphol. u. Biol. d. Pilze*, 1884, p. 74).

Les *Bispora*, type de Torulacés, créé par Corda et qui ne serait, d'après Fuckel, que l'appareil conidien d'une Pézize, présentent des organes de reproduction, qui sont chez le *B. moniliodes* Corda ou chez le *B. Pusilla* Sacc., d'une teinte brunâtre. Ces conidies ont la forme d'un petit baril, la cloison qui les partage en deux loges est située à la portion la plus renflée du baril. Aux deux extrémités de la conidie détachée, un grossissement suffisant permet de voir une petite membrane cylindrique, quelquefois un peu frangée ou irrégulière; les conidies qui forment des chaînettes, ne se sont donc pas séparées l'une de l'autre suivant la cloison qui les sépare, mais dans un espace libre entre chaque spore et qui représente, pour les mycologues de l'école de M. de Bary, le stérigmate; l'examen de la portion terminale des chaînettes de spores donne de ce fait une tout autre explication. Cette portion terminale est, ou tout à fait hyaline, ou moins colorée et toujours transparente; elle est constituée par un bourgeon arrondi qui

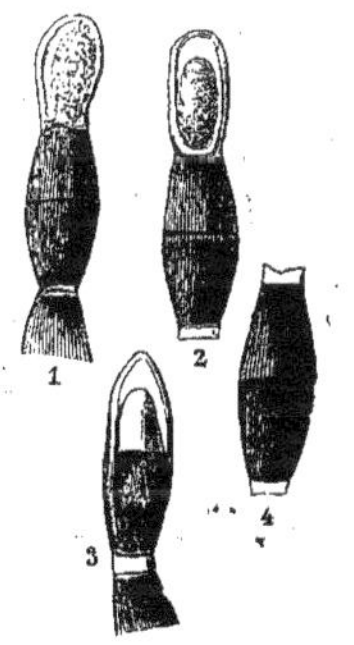

Figure II.

surmonte la dernière conidie (fig. II, 1); ce bourgeon s'allonge, présentant dans son intérieur un protoplasma finement granuleux, qui forme bientôt une petite masse ovoïde condensée vers le centre et la partie inférieure de la cellule oblongue allongée qui forme le bourgeon terminal (fig. II, 2); bientôt la conidie apparaît avec sa paroi membraneuse dont s'est revêtue la masse protoplasmique condensée dans les trois quarts de la cellule-mère; mais celle-ci, continuant à s'accroître, laisse un intervalle très distinct entre son sommet et la conidie; avant d'avoir atteint tout son développement, la conidie présente déjà la cloison qui, à ce moment, la partage en deux loges inégales : l'inférieure, plus grande, légèrement colorée, a ses dimensions définitives; elle est déjà accolée à la paroi de la cellule-mère; la supérieure à sommet arrondi, hyaline est de moitié plus petite (fig. II, 3) et présente un contour distinct, sensiblement éloigné de la paroi de la cellule-mère. Il ne peut donc y avoir aucun doute sur la formation endogène des conidies de ce type de Torulacés, dont les conidies se trouvent à leur maturité renfermées dans un tube continu, légèrement renflé aux points qui correspondent à la portion renflée des conidies en baril, légèrement rétrécie vers les extrémités du baril et ayant entre deux conidies un petit espace libre. Au milieu de cet espace se produit la résorption de la cellulose qui amènera la déhiscence au moyen de laquelle les conidies sont mises en liberté, et ainsi chaque conidie emporte avec elle à ses deux extrémités une petite portion de la membrane incolore de la cellule-mère, véritable thèque soudée ou appliquée d'une manière intime à la conidie colorée. Telle est l'origine de ces appendices; il n'en est pas autrement des conidies d'*Aspergillus*, qui en présentent souvent d'analogues à ceux des *Bispora*.

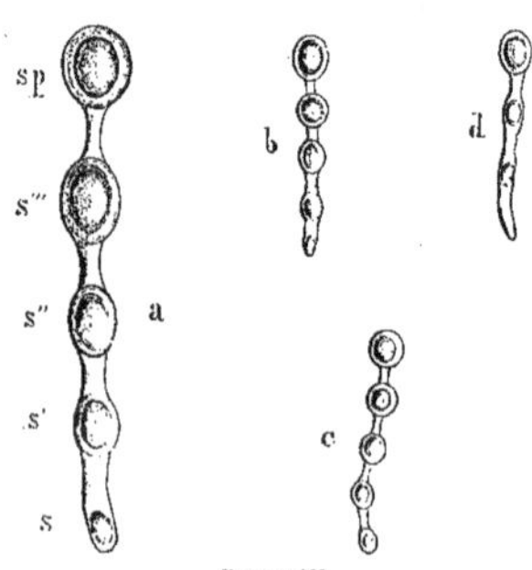

FIGURE III.

J'ai déjà décrit, en 1872, au congrès de l'Association française, l'observation que j'avais faite sur un *Aspergillus candidus* Lk. de la formation progressive des conidies à l'intérieur de la cellule-mère, le protoplasma s'agglomérant en masses distantes, destinées à se revêtir d'une membrane propre, qui devient de plus en plus apparente et ne se distingue pas de celle de la cellule-mère avec laquelle la soudure est de très bonne heure complète en suivant, comme on l'a figuré ici, le développement dans la cellule *a* de *s* et *s'*, où le protoplasma est simplement concentré en pelotes arrondies, jusqu'en *sp*, où la spore est tout à fait développée avec ses caractères propres.

J'ai décrit aussi dans le même travail l'observation d'un *Penicillium glaucum* Lk., dont une branche semblait arrêtée dans son développement et présentait dans une des divisions du pinceau fructifère en formation une longue cellule dans laquelle trois masses protoplasmatiques non encore revêtues de membrane propre revêtaient lentement les caractères des conidies. En submergeant complètement des *Penicillium*, on obtient des résultats variables d'étiolement ou de croissance plus ou moins lente des corps reproducteurs. L'une des conditions les plus importantes est dans le degré d'aération du liquide. On peut voir par exemple fructifier rapidement et de la même manière qu'à l'air libre des plantes de *Penicillium* se développant au fond d'un vase qui contient une couche d'eau distillée de plusieurs centimètres au-dessus de ces moisissures, si l'eau préparée depuis longtemps est restée dans un flacon contenant une grande quantité d'air. Mais dans des conditions qui ne se prêtent pas à une analyse très exacte, il m'est arrivé de voir des cultures de *Penicillium* étouffées donner naissance peu de temps après la germination de la spore à des fructifications incomplètes dans lesquelles le pinceau caractéristique de sporophores était réduit à deux branches (pl. I, fig. 25 et 26). Dans la figure 25 on voit un vestige de la conidie qui a germé et qui ne forme plus qu'une bosselure sur le trajet au milieu du filament mycélien; celui-ci, par la partie supérieure, donne naissance à deux branches portant chacun une chaînette de conidies dont les plus extrêmes sont seules arrivées à l'état de maturité; les autres se présentent sous forme de petites boules protoplasmatiques renfermées dans un tube toruleux, qui ne prend la forme d'un chapelet que là où les conidies achèvent leur développement. Un nucléole brillant se distingue nettement figure 25, et moins clairement figure 26 au centre des agglomérations de protoplasma; je ne l'ai jamais constaté dans les conditions ordinaires de la formation des conidies quand l'individu n'a pas été cultivé dans un milieu confiné et très pauvre en oxygène. Ce nucléole et l'aspect légèrement et finement granulé des petites boules de protoplasma, leur donnent une analogie remarquable avec l'état correspondant des endospores de *Mycoderma vini* Desm., comme on peut le constater en comparant la figure 25 et les figures 9 et 10 de la même planche. Dans l'un et l'autre cas, ce fin granulé est l'indice de la formation de la membrane d'enveloppe ; celle-ci s'applique intimement contre la paroi interne de la cellule-mère ; le contour n'en est donc pas distinct, mais il résulte de l'accolement des deux membranes un trait plus accusé, ainsi qu'on peut s'en assurer en comparant dans les figures 25 et 26 les conidies extrêmes à contenu homogène et réfringent, telles qu'elles se présentent toujours à l'état de maturité avec celles qui sont au-dessous d'elles. Quant au procédé qui met en liberté les conidies, il ne diffère pas de celui qui a été décrit à propos des chlamydospores de *Mucor* ou des endospores de Mycodermes. Alors même que les conidies paraissent se toucher, il n'y a rien de comparable à un dédoublement de cloison comme celui qu'a décrit M. de Bary dans le *Cystopus*. Dans les cas de croissance retardée ou de végétation ancienne et lente, la condensation du protoplasma qui formera la conidie se fait souvent à distance. On observe alors une assez longue portion de cellule-mère plus ou moins rétrécie entre deux conidies ; quelquefois, comme dans la figure III, cette distance est presque égale au diamètre de chaque conidie. Cette figure d'un *A. candidus* Lk., dessinée à la chambre claire à un grossissement de 600 fois, ne permet pas de supposer qu'il y ait ici formation d'un disque gélatineux (1) séparant en deux une cloison qui existerait entre *sp* et s''', et entre s''' et s''. On peut encore moins l'admettre entre s'' et s', et s' et s ; les globules protoplasmatiques correspondant à ces lettres ne sont pas encore revêtus de membrane propre, il ne saurait donc être question de cloisons. Enfin, s'il y avait ici, comme dans les *Cystopus*, gélification d'une portion intermédiaire de cloison, il y aurait une séparation nette, franche, qui rendrait inexplicable la présence des débris de la cellule-mère entraînés par les conidies. Je les ai fréquemment remarqués sur

---

(1) Voici comment s'exprime M. de Bary (*loc. cit.*, p. 75) : « La plupart des cellules de reproduction à développement acrogène se séparent par un étranglement semblable, et leur séparation (même celle des cellules des Champignons en chapelets) doit avoir lieu par la disparition, semblable à celle observée chez le *Cystopus*, d'une lamelle intercallaire primitivement existante. On en trouve des indices presque partout par un examen attentif, seulement *le processus est souvent difficile à observer jusque dans ces détails, à cause de la petitesse des parties*. Cette disposition est bien distincte malgré les petites dimensions chez les séries conidiennes successives d'*Eurotium* et de *Penicillium* (fig. 35, *b* et fig. 36). »

Le grossissement auquel ces figures sont dessinées rend, non pas seulement difficile, mais impossible à observer les détails dont parle le savant professeur ; il est tout à fait insuffisant pour qu'on puisse distinguer si la destruction de tissu qui permet la séparation de deux conidies affecte un disque intercalaire situé dans l'intérieur d'une cloison ou simplement une portion de cellule-mère qui subsiste entre deux conidies, comme le montre avec une clarté indiscutable notre figure ci-dessus.

les conidies d'*A. glaucus* Lk. ou d'*A. niger* Van Tieg., formant une petite manchette transparente à l'un des deux pôles de la conidie ou à tous les deux. Corda a figuré la persistance de tractus qui ont la même origine chez le *Penicillium olivaceum* et le *P. orbicula*.

M. Berkeley a signalé, dans l'*Introduction à la Botanique cryptogamique*, une espèce de *Penicillium?* qu'il nomme *P. armeniacum*, dont les spores elliptiques sont reliées entre elles par de petits tractus (*connected by little processes*). Cette disposition, sur laquelle j'ai déjà insisté (p. 40-41) est due à une lenteur de développement des corps reproducteurs; je l'ai obtenue artificiellement chez le *Penicillium glaucum* dans des cultures étouffées, et je l'ai figurée dans le Compte rendu de l'Association française (t. I, Congrès de Bordeaux).

De tous les faits groupés et rapprochés dans les pages précédentes ressortent des conclusions qu'il faut indiquer.

On a vu comment il est possible de passer par degrés de la formation cellulaire libre dans les thèques de Pézizes ou de Sphériacés à la genèse endocellulaire de corps reproducteurs, soudés plus tard à la cellule-mère. Ces corps étaient supposés n'être qu'une émanation directe de la cellule-mère, se séparant par scissiparité, tandis qu'il s'agit en réalité d'un corps complexe, composé d'une membrane externe, issue, celle-là, de la cellule-mère formant un sporange et d'une cellule interne ayant son enveloppe propre en contact ou soudée avec la membrane de ce sporange. Il importe de bien établir que la formation de cette enveloppe propre dont le protoplasme aggloméré en masse distincte s'est entouré, est le caractère essentiel qui constitue le mode de formation que nous avons voulu mettre en lumière dans ce travail. La quantité plus ou moins grande de protoplasma non employé par la genèse des cellules-filles est un caractère secondaire. Prenons pour exemple le *Bispora pumila* Sacc. dont j'ai parlé plus haut; la spore biloculaire de la figure II, 1 montre la loge inférieure arrivée à sa dimension normale touchant la paroi de la cellule-mère, et la loge supérieure, n'ayant pas terminé sa croissance, présente son enveloppe libre de toute adhérence distante de la paroi de la cellule-mère. Le caractère endogène de ce développement ne saurait être contesté, quelles que soient la quantité et la nature du plasma non utilisé ou même son absence entre l'enveloppe de la cellule-fille et celle de la cellule-mère. S'il est exact qu'une membrane propre à la spore ou conidie se soit formée *primitivement* (1) à l'intérieur de la cellule-mère, il n'est plus vrai de dire que le corps reproducteur ainsi formé a un développement acrogène ou d'une manière générale exogène, qu'il n'est qu'un membre dérivé de la cellule-mère par la simple expansion de sa membrane propre. Si l'on considère la question à ce point de vue, le caractère tiré des reliquats de protoplasma accompagnant les formations cellulaires libres perd de son importance. M. Strasburger a lui-même indiqué des cas dans lesquels ce caractère fait à peu près défaut chez les Lichens appartenant aux groupes des Caliciés et des Sphærophorés : « Si dans ce cas, dit-il, les spores ne sortent pas de l'asque, mais que l'asque se partage en portions qui correspondent aux spores, celles-ci néanmoins ne naissent pas par la division du contenu de l'asque, mais bien par la formation libre. Ces spores sont disposées ici sur une seule ligne longitudinale, et dès leur première évolution emploient la presque totalité du contenu de la cellule-mère, puis s'accroissant encore elles se resserrent les unes les autres contre la paroi de l'asque, ce qui donne souvent à cette paroi un aspect bosselé ou renflé » (Strasburger, *Sur la formation et la division des cellules*, trad. de J. Kickx, p. 19). La figure qu'a donnée M. de Bary (*Vergl. Morph. u. Biol. d. Pilze*, p. , fig. 48) de cette disposition chez le *Sphærophoron coralloides* complète et éclaire la description de M. Strasburger. On ne peut s'empêcher d'être frappé de la concordance qu'il y a entre cette figure et celles de MM. Van Tieghem et Lemonnier concernant la formation des conidies du *Piptocephalis;* dans ce type le protoplasma, primitivement contenu dans la cellule-mère, est dans la suite complètement absorbé par le développement des conidies.

Pour appuyer la théorie du développement acrosporé, M. de Bary invoque un certain nombre d'observations sur d'autres types; nous avons vu ce qu'il fallait penser du passage qu'il consacre aux fructifications en chaînettes des *Penicillium* et des *Aspergillus*. La plus instructive de celles qu'a données ce savant, est celle des conidies des *Cystopus* (*loc. cit.*, p. 74). Toutes les phases du cloisonnement cellulaire sont indiquées très clairement, ainsi que la formation d'un disque intercellulaire dans l'intimité de la cloison qui en opère le dédoublement en se gélifiant; la liqué-

(1) J'emploie ce terme pour distinguer ce cas de celui où il s'est formé *secondairement* à l'intérieur d'un corps reproducteur des couches d'épaississement de l'enveloppe cellulaire, quelquefois séparables, soit par des réactifs, soit par les phases préparatoires de la germination.

faction finale de ce disque met en liberté le corps reproducteur, qui se détache. Mais il est bon d'observer que cette conidie ne correspond pas exactement aux organes qui portent ce nom chez d'autres types fongiques; cette pseudo-conidie n'est le plus souvent qu'une cellule-mère, une sorte de sporange au sein duquel se développeront des zoospores qui en seront expulsées à un moment donné.

Quant aux urédospores ou aux écidiospores, je n'ai pour le moment aucune objection à présenter à leur sujet; je ne défends pas ici une idée préconçue, et quand même il existerait des cas dans lesquels la formation de corps reproducteurs serait due à un cloisonnement et à une scissiparité analogue à celle qui détache une cellule de levure de la cellule-mère, dont elle est issue par bourgeonnement, cela n'enlèverait rien à la valeur et à la réalité des observations que je réunis ici et qui combattent la généralisation trop grande donnée à ce phénomène dans la formation des corps reproducteurs.

J'ai laissé de côté pour le moment les conidies ou spores à développement simultané portées sur des basides spécialisés. M. Strasburger a reproduit à leur sujet l'observation de M. de Bary sur le *Corticium amorphum* Fr., observation d'après laquelle la spore de cet Hyménomycète se formerait par le développement d'une cloison au sein du protoplasma qui remplit le stérigmate du baside. La présence de protoplasma dans le stérigmate, au-dessous du trait qui limite la spore ne peut être un argument décisif, elle ne me paraît pas avoir plus d'importance qu'elle n'en a dans la thèque d'une Pézize où l'on voit quelquefois un protoplasma très granuleux non utilisé à l'extérieur de la membrane de la spore comme à l'intérieur, sans qu'on puisse dire que l'enveloppe de la spore ait pris naissance comme une cloison. Ce fait n'est pas suffisant pour détruire l'impression produite par d'autres faits, et, sans entrer plus avant dans leur discussion, j'en citerai seulement deux :

1° La présence fréquente du stérigmate restant attaché à la spore et témoignant que si la spore a été séparée du stérigmate par une cloison, celle-ci ne s'est point dédoublée pour détacher la spore suivant la loi habituelle de ces sortes de formations;

2° La ténuité habituelle de la membrane qui sépare la spore de la cavité du stérigmate et d'où résulte l'apparence qui a fait donner à ce point de la spore le nom de hile. Cette apparence s'explique si l'on suppose que sur la périphérie de la spore il y a deux membranes soudées, celle de la cellule-mère et celle de la spore, tandis qu'au point où l'enveloppe de la spore rencontre la cavité du stérigmate, il ne peut y avoir qu'une seule épaisseur de membrane, d'où la finesse du trait qui limite à ce point la spore. Mais je n'insiste pas, désireux de réserver entièrement ce qui concerne ce type de Champignon, et j'en reviens aux conclusions relatives à l'aspect du protoplasma dans la formation des corps reproducteurs endogènes.

J'ai cherché à montrer que la disparition complète du protoplasma dans la cellule-mère ne peut être invoquée contre le développement endogène des conidies. Un des traits distinctifs de la formation libre chez les conidies à développement successif, comme pour les endospores des *Mycoderma* et les chlamydospores, c'est ce qu'on pourrait appeler la différenciation du protoplasma. Pour bien faire comprendre ce que j'entends par là, j'emprunte à M. Strasburger un passage concernant la formation des cellules de propagation chez les Algues du genre *Valonia*. « D'après M. Famintzin, dit M. Strasburger (*loc. cit.*, p. 20), aux endroits où doivent se former les cellules de propagation, les grains de chlorophylle produisent d'abord de la fécule. A ces mêmes endroits se montrent des amas de protoplasma renfermant de la chlorophylle. Vus de face, ces amas paraissent d'ordinaire ronds; sur la coupe optique on les voit accolés à la paroi cellulaire. Plus tard, chacun d'eux s'entoure d'une membrane propre, qui, sur tout son côté externe, touche et se soude à la membrane de la cellule-mère... M. Famintzin ajoute qu'indépendamment des cellules de propagation les cellules-mères de *Valonia* produisent des zoospores... Souvent ce n'est pas tout le contenu de la cellule qui est utilisé pour la formation de ces zoospores, mais uniquement le plasma coloré en vert, tandis que la partie dépourvue de chlorophylle reste sans emploi. »

Si l'on suppose qu'au lieu de chlorophylle, ce sont les corps graisseux, soit en un globule compact, soit en granules, qui s'agglomèrent en un ou plusieurs points, tandis que dans les parties intermédiaires le protoplasma demeure transparent et dépourvu de matériaux de réserve, on aura un phénomène de différenciation analogue et tel qu'il se passe chez les *Mucor* pour la formation des chlamydospores, chez les *Mycoderma*, pour la formation des endospores, chez le *Ptychogaster albus* Cda, chez les *Penicillium* à végétation ralentie (fig. 25-26, pl. I), pour la formation de leurs conidies. Ce terme de différenciation ne préjuge rien sur les changements qui pourraient se produire dans les caractères de la substance fondamentale du protoplasma, mais indique simplement les apparences optiques que l'on constate. Le même phénomène se produit du reste mais tardivement chez la plupart des Thécasporés : au début de la formation de l'enveloppe des spores, il reste un protoplasma non utilisé qui à ce moment est aussi riche en granules graisseux que celui qui remplit les spores, mais, à mesure qu'on approche de la maturité, il ne se présente plus que sous l'aspect de lames transparentes entourant un suc cellulaire hyalin.

Après avoir décrit et résumé les phénomènes apparents dont le protoplasma est le siège, établissons ceux qui dépendent de la cellule-mère et en particulier celui qui amène le détachement du corps reproducteur. Le mot d'étranglement, dont on se sert pour désigner le phénomène qui préside à ce détachement, prête à quelque confusion, il s'applique à deux procédés différents : l'un qui consiste dans le dédoublement d'une cloison au milieu de laquelle une formation spéciale s'est gélifiée et qui amène ainsi une sorte de désarticulation de la cellule-fille, l'autre qui consiste dans l'amincissement progressif de la portion de la cellule-mère, restée vide entre deux corps reproducteurs superposés, amincissement qui va jusqu'à la destruction totale ou partielle de cette portion de cellule-mère et met ainsi en liberté les corps reproducteurs. C'est, à proprement parler, le seul procédé auquel peut s'appliquer exactement le terme d'étranglement.

L'accroissement de la conidie endogène peut amener aussi l'amincissement et la destruction de la cellule-mère en un point où elle n'est pas étranglée, ainsi chez le *Psilonia cuneiformis* Rich., comme dans la mise en liberté des grosses conidies colorées du *Sporoschisma paradoxum*. Enfin la destruction ou la résorption de la cellule-mère peut s'exercer dans la totalité de sa membrane, ainsi que cela se passe pour les conidies de l'*Hydnum Erinaceus* Bull. ou pour les microconidies (spermaties) des Coprins (*Galera, Pratella, Collybia*), sur lesquelles M. Van Tieghem a constaté le fait (*Bull. Soc. bot.*, 1876, t. XXIII, p. 100).

Toutefois dans des cas analogues, chez le *Ptychogaster* en particulier, il peut se passer ce qui arrive chez certains Thécasporés ; les influences atmosphériques ont une action prépondérante, et, si la plante est soumise à quelque cause de dessiccation, la déhiscence des corps reproducteurs peut se faire par une rupture de la membrane auparavant désagrégée, soit par l'humidité, soit par un phénomène intime destiné à faciliter sa diffluence. On est en droit de penser que pour ces types comme pour les *Chætocladium* il n'y a pas eu soudure des cellules-filles avec la paroi de la cellule-mère, qui est simplement appliquée sur celle-ci, en sorte qu'on peut distinguer 3 degrés dans la formation cellulaire que nous avons en vue.

1° Formation totalement libre, la cellule-fille reste mobile dans la cellule-mère.

2° Formation libre avec contiguïté des parois de la cellule-mère appliquées sur la cellule-fille.

3° Formation libre avec soudure entre la paroi de la cellule-mère et l'enveloppe de la cellule-fille.

On peut passer d'un degré à l'autre dans les divers genres d'une seule et même famille, ainsi que cela se voit chez les Mucorinés en allant du *Mucor Mucedo* au *Chætocladium*, et de celui-ci au *Piptocephalis*.

Il arrive que, même dans un seul individu, cela se produise en une certaine mesure, ce qui n'a rien d'extraordinaire si l'on admet que, quelle que soit l'apparence ultime des phénomènes, le procédé initial est toujours le même. Le développement des conidies chez le *Polyporus sulfureus* Bull. nous montre, comme dans le *Sporoschisma paradoxum*, que les premières conidies formées se soudent rapidement et complètement avec la cellule-mère. Plus tard, quand la végétation est moins active, la conidie est presque isolée et n'est plus en contact avec la cellule-mère que par une étendue variable de sa surface (fig. 18, 19, pl. I).

Cette dernière observation nous met sur la voie de la méthode à suivre pour obtenir des notions exactes au sujet du développement acrosporé. Quand le Champignon a épuisé ses réserves ou que l'activité de son protoplasma s'est ralentie, il n'y a plus harmonie entre le développement de la cellule-mère et celui de la cellule-fille, le développement de l'une et de l'autre ne coïncide plus, et dès lors on peut saisir les phases de développement de la cellule-fille plus lent que celui de la cellule-mère; il se produit des irrégularités, la contiguïté ou la soudure ne s'opèrent qu'imparfaitement entre les parois de l'une et de l'autre. Ce qui peut se produire naturellement par suite de l'ancienneté d'une végétation donnée peut être obtenu artificiellement ainsi que nous l'avions annoncé dès 1872.

Il ne serait pas impossible d'appliquer des procédés de culture étouffée à des échantillons très jeunes d'Hyménomycètes qui, par la dimension de leurs basides, de leurs stérigmates et de leurs spores, conviennent à une semblable étude (*Corticium*, *Hymenogaster*, etc.). Les Agarics sont moins bien favorisés sous ce rapport, mais les réceptacles que l'on pourrait recueillir encore enfermés dans leur volve se prêteraient aux combinaisons faciles à imaginer, au moyen desquelles on obtiendrait une plus grande lenteur dans leur développement.

Les espèces qui ont servi aux observations décrites dans ce travail appartiennent à des groupes très divers de la classe des Champignons. Ces observations portent, comme on l'a vu, sur des conidies de Thécasporés, de Mucorinés, de Polyporés, d'Agaricinés, d'Hyphomycètes; elles autorisent donc une généralisation assez étendue des procédés de formation libre qui président au développement endogène de beaucoup de corps reproducteurs réputés exogènes ou acrosporés, auxquels on avait exclusivement attribué jusqu'ici le mode de formation par cloisonnement. Enfin nous avons été conduit à indiquer une méthode expérimentale qui permet ou facilite les observations de ce genre et au moyen de laquelle il sera possible d'en étendre encore le cercle.

PLANCHE I

DÉVELOPPEMENTS DE SPORES ET DE CONIDIES

Fig. 1. — Formation des chlamydospores dans un filament mycélien de *Mucor*. — *pp*, chlamydospores complètes avec leur enveloppe propre. (260 fois.)

Fig. 2. — Une chlamydospore ayant germé et produit des filaments mycéliens dans lesquels se sont développées de nouvelles chlamydospores de formes et de dimensions très diverses; quelques-unes à l'extrémité des branches du mycélium.

Fig. 3. — Chlamydospores : *a*, sphérique; *b*, cylindrique. (580 fois.)

Fig. 4. — Chlamydospores rapprochées prenant l'apparence d'un simple cloisonnement du filament mycélien au voisinage d'un petit sporange à court pédicelle.

Fig. 5. — Chlamydospores sphériques formant une chaînette qui a absorbé toute une branche de Mycélium. (260 fois.)

Fig. 6. — Deux Chlamydospores séparées par une portion de la cellule-mère qui s'amincit et devient très ténue.

Fig. 7. — *Mycoderma vini* Desm. Endospores arrivées à maturité; deux sont réunies par une portion de cellule-mère qui s'amincit et se résorbe. *e*, une endospore mise en liberté par la destruction de la cellule-mère, dont une portion lui reste attachée.

Fig. 8. — Endospores développées à l'intérieur de cellules allongées. (900 fois.)

Fig. 9 et 10. — Cellules allongées dans lesquelles une endospore se développe et présente de fines granulations, indice de la formation de l'enveloppe.

Fig. 11. — Deux cellules allongées présentant chacune trois nucléoles réfringents et deux vacuoles ovales entourées du protoplasma, qui est appliqué contre la paroi interne des cellules mycodermiques.

Fig. 12. — Endospores développées dans des cellules mycodermiques dont la membrane s'étrangle et s'amincit. Quatre endospores, rapprochées deux à deux, paraissent séparées par une cloison par suite de l'aplatissement qui s'est produit au contact de leurs parois.

Fig. 13. — Endospores développées dans des cellules mycodermiques courtes.

Fig. 14. — Exagération anormale de la production d'endospores dans des cellules longues de Mycodermes.

Fig. 15. — *Ptychogaster albus* Cda, formation endogène des conidies au sommet ou dans la continuité des cellules du réceptacle. (580 fois).

Fig. 16. — *Rosellinia Desmazierii* B. et Br. *c*, spores endothèques en formation enveloppées d'une membrane à l'intérieur de la thèque; *d*, portion de thèque de *Rosellinia* avec les spores mûres.

Fig. 17. — *Hypomyces lateritius* Tul. Spores contenues dans une thèque dont la paroi est appliquée contre elle et en partie résorbée.

Fig. 18. — Cellule du réceptacle de *Polyporus sulfureus* Bull., portant une conidie terminale et présentant une cloison un peu au-dessous du point où s'est formée la conidie. (350 fois.)

Fig. 19. — Conidie de *Polyporus* détachée au niveau de la cloison de la cellule-mère et n'adhérant à celle-ci que sur des points restreints. (580 fois.)

Fig. 20. — Conidie de *Polyporus* ayant subi l'action de l'acide sulfurique. (580 fois.)

Fig. 21. — Deux conidies de *Polyporus* en germination; le dessin a exagéré les dimensions de la cellule-mère de la figure *c*.

Fig. 22. — *Sporoschisma paradoxum : a*, chaînette de macroconidies colorées; *b*, macroconidie isolée, plus grosse à l'extrémité d'une cellule cloisonnée au-dessous d'elle. (580 fois.)

Fig. 23. — Cellule-mère de conidies incolores *s, s, s, s*; l'une d'elles est expulsée par le sommet de la cellule-mère.

Fig. 24. — Cellules-mères de conidies incolores : *m*, chaînette de ces conidies; *n*, une conidie se détache. (350 fois.)

Fig. 25. — *Penicillium glaucum* Lk., incomplètement développé, avec deux chaînettes de conidies à divers états de développement. (580 fois.)

Fig. 26. — Rameau fructifiant de *Penicillium* avec des conidies à divers états de développement. (580 fois.)

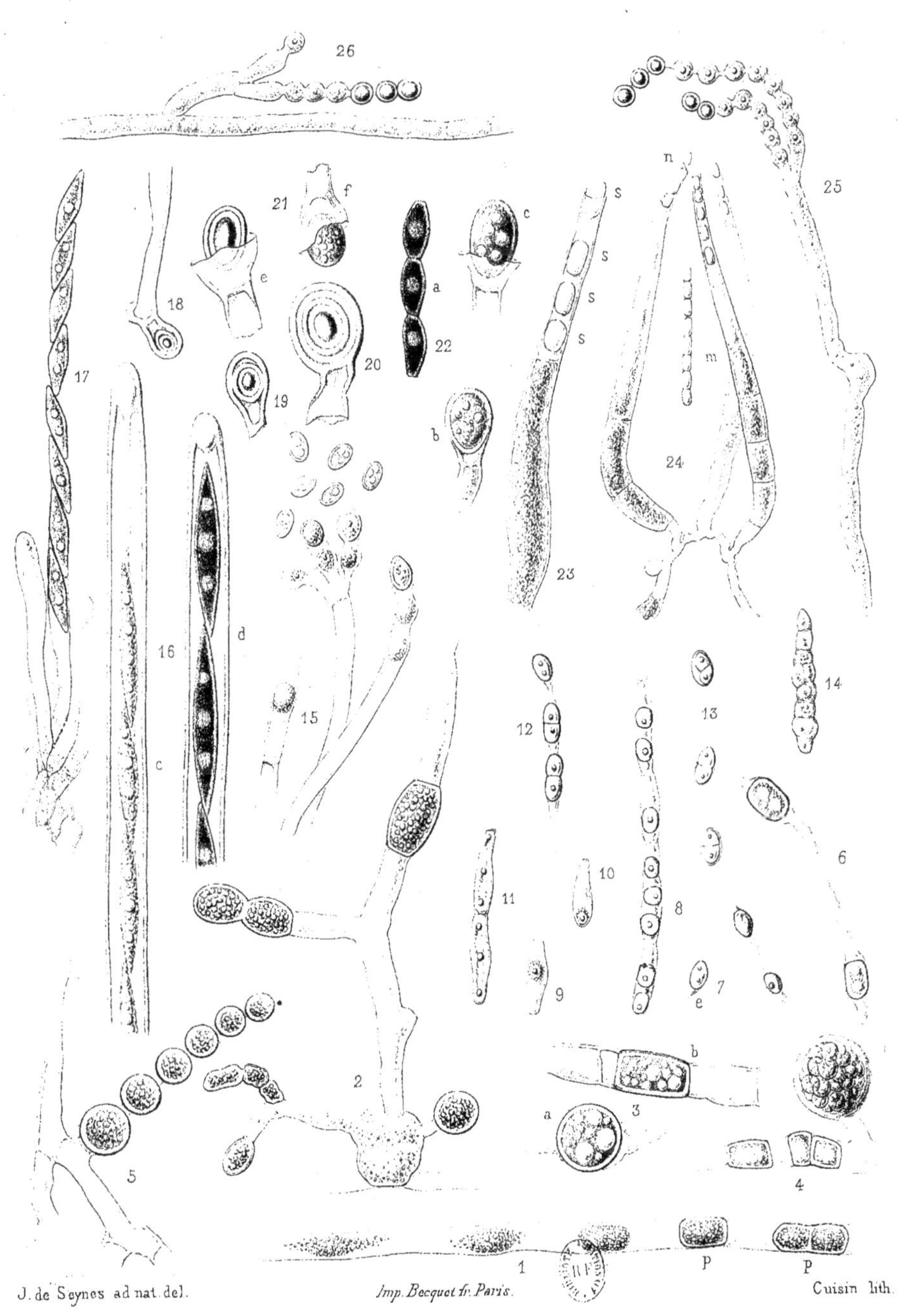

J. de Seynes ad nat. del. *Imp. Becquet fr. Paris.* Cuisin lith.

Développements de Spores et de Conidies.

PLANCHE II

PÉZIZES

FIG. 1. — *Peziza melastoma* Sow. de dimension naturelle, sur des débris de ronces.

FIG. 2. — Thèques et spores du même.

FIG. 3. — *Peziza cupressina* Bats., portion d'*hymenium* montrant la destruction progressive des thèques : *t*, l'extrémité libre d'une thèque coiffant la spore supérieure; *m*, une spore se détachant, encore retenue par un lambeau de thèque. (580 fois.)

FIG. 4. — Spores détachées et réunies entre elles par des vestiges de la thèque apparents en *a a*. (600 fois.)

FIG. 5. — *Peziza tuberosa* Bull. et son sclérote de dimension naturelle; au-dessous sont des spores, dont l'une germe en poussant un filament mycélien, deux autres donnent naissance à des microconidies.

FIG. 6. — Cellules de l'extérieur de la cupule de cette Pézize, fixée sur une cellule de *Cystococcus humicola* Nœg., dont l'endochrome jaunit et se décolore à la partie supérieure. (580 fois.)

FIG. 7. — Paraphyses du même, fixées sur une cellule de *Cystococcus*, leurs extrémités sont gonflées et cloisonnées; il se produit une partition des cloisons qui commence en *b*, et qui est complète pour deux paraphyses, dont le sommet libre adhère au *Cystococcus*.

FIG. 8. — Portion de paraphyse séparée par une partition de la cloison accidentelle et fixée sur le *Cystococcus*.

FIG. 9. — Filaments mycéliaux indéterminés adhérents à des cellules de *Protococcus*, et se cloisonnant.

FIG. 10. — *Peziza cynocopra* Dun.; thèque, paraphyses et spore isolée.

FIG. 11. — Le même, grossi et en coupe.

FIG. 12. — Le même, de dimension naturelle, sur un excrément de Chien à l'état d'*Album græcum; c*, un noyau de cerise.

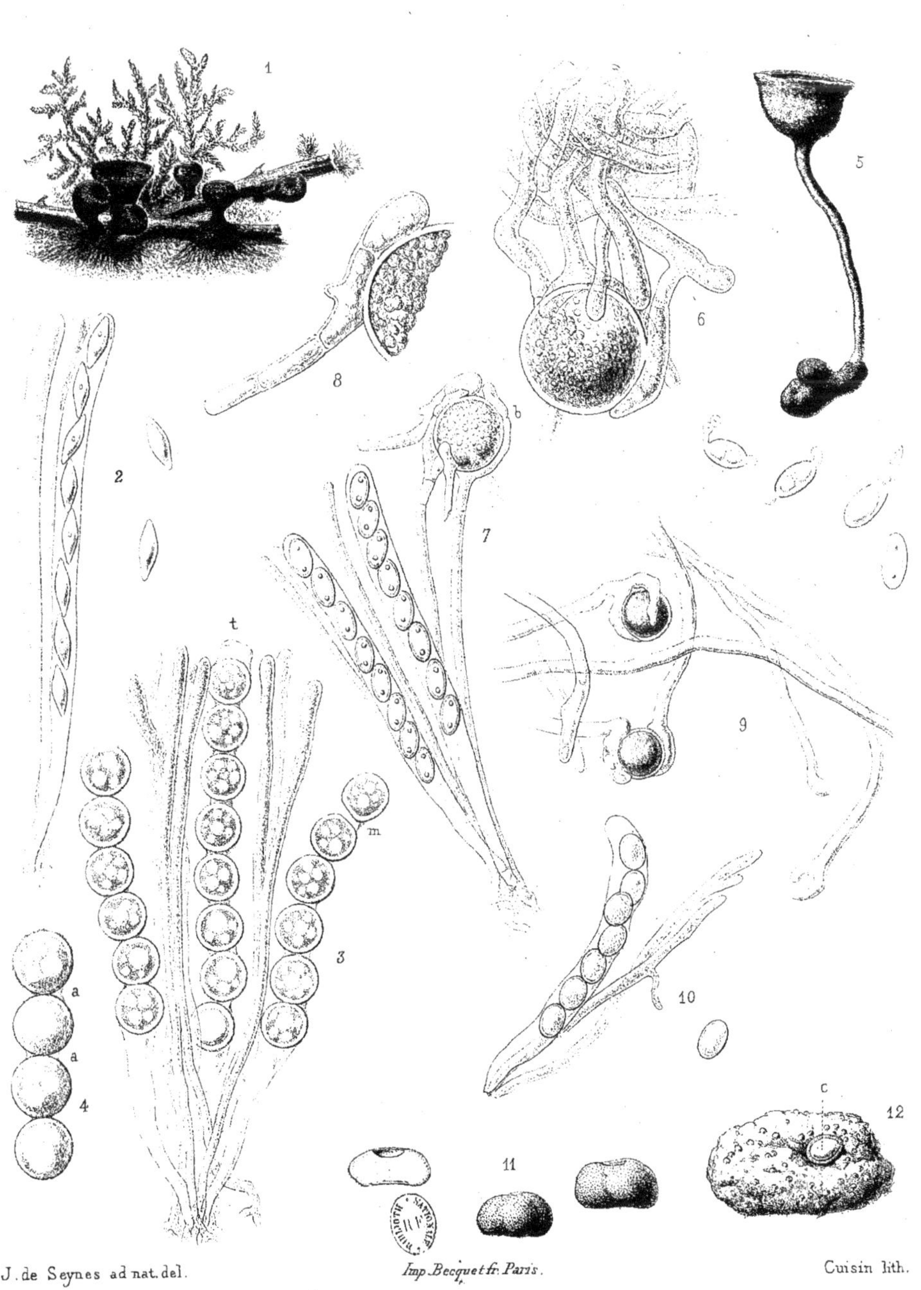

J. de Seynes ad nat. del. Imp. Becquet fr. Paris. Cuisin lith.

Pezizes.

PLANCHE III

PÉZIZES

FIG. *a*. — *Peziza cupressina* Batsch. — Sur des feuilles mortes de Genévrier Sabine, dimension naturelle.

FIG. *b*. — Le même, grossi et en coupe.

FIG. *c*. — Thèques avec spores et paraphyses. (500 fois.)

FIG. *d*. — *Peziza coronaria* Jacq.

FIG. *e*. — Coupe du même.

FIG. *f*. — Échantillon de plus petite taille dont le sommet s'ouvre à fleur de terre. (Dessins de Node-Veran, collection Delille.)

FIG. *g*. — Échantillon plus avancé ; *h*, à maturité complète. (Dessins de Node-Veran, collection Delille.)

FIG. *i*. — Thèques et paraphyses avec une portion du pseudo-parenchyme qui les supporte. (350 fois.) — Spores à divers grossissements.

FIG. *j*. — Tache verte produite par l'action de l'iode sur l'hyménium.

5294. — BOURLOTON. — Imprimeries réunies, A, rue Mignon, 2, Paris.

A. FAGUET, Pinx.t d'après NODE VÉRAN et DE SEYNES E. FRAILLERY Imp. PORTAIL Chromol.t

PEZIZES

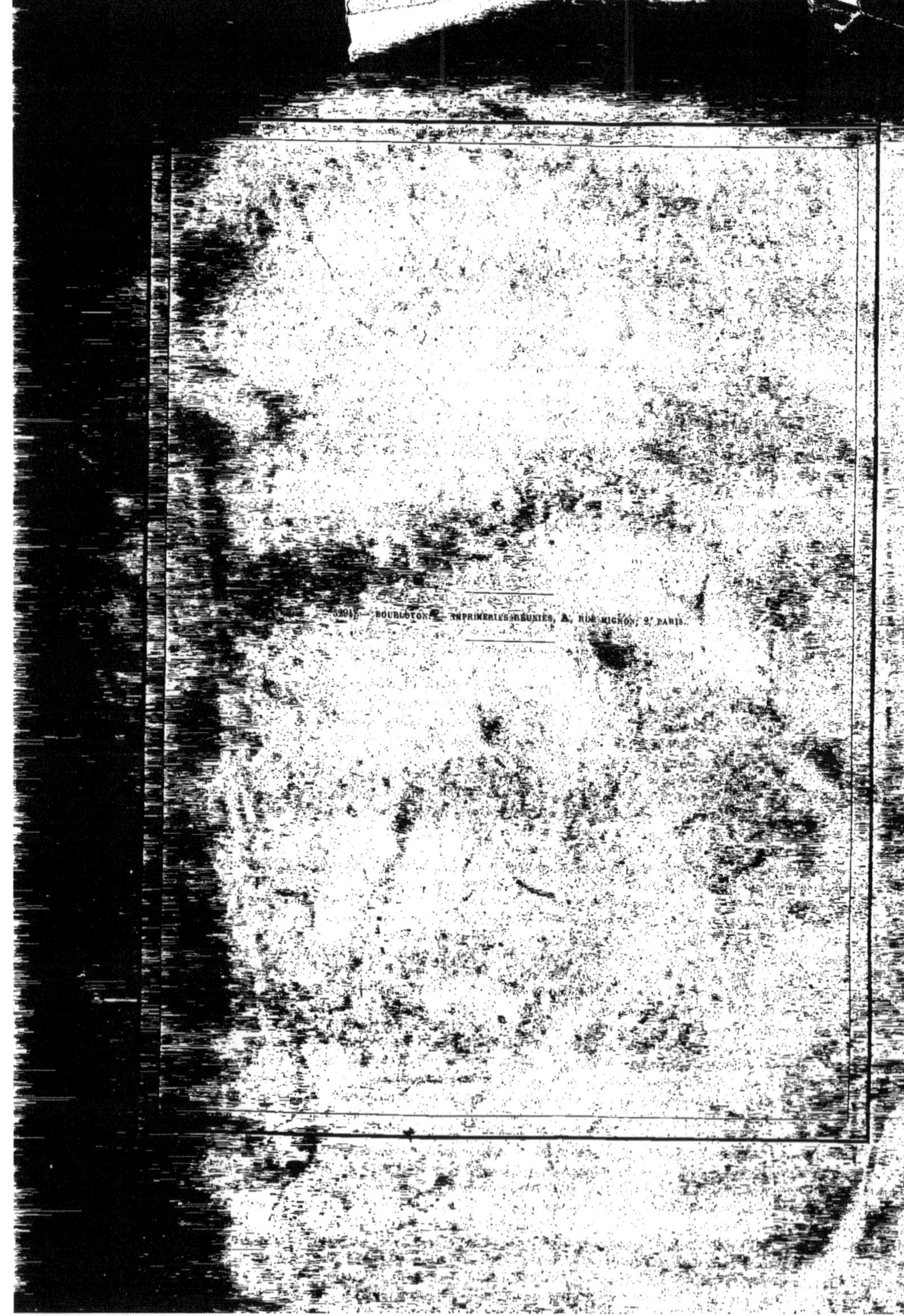

5294. — BOURLOTON. — IMPRIMERIES RÉUNIES, A, RUE MIGNON, 2, PARIS.

www.ingramcontent.com/pod-product-compliance
Ingram Content Group UK Ltd.
Pitfield, Milton Keynes, MK11 3LW, UK
UKHW020429230726
13925UKWH00004B/1661